中等职业教育"十二五"规划课程改革创新教材

中职中专计算机动漫与游戏制作专业系列教材

动画与影视后期制作

——After Effects CS4 技能应用教程

张治平　王铁军　主编

沈光永　副主编

科学出版社

北京

内 容 简 介

本书以就业为导向，采用"任务—案例"驱动方式进行编写，详细讲解了影视后期制作所需的基本技术和实用技巧。书中案例生动、实用、有趣，达到学生乐学教师易教的目的。全书共有九个单元，单元一介绍了影视后期制作基本技能，单元二讲解如何利用After Effects CS4制作基本动画，单元三讲解遮罩在影视制作中的广泛应用，单元四介绍如何实现强大的视频特效，单元五介绍如何制作影视字幕与字幕效果，单元六实现影视转场技术，单元七实现音频处理与配乐，单元八制作3D影视效果，并讲解了灯光和摄像机的应用，单元九简单介绍了表达式在视频中的应用。随书赠送的光盘中包含所有图片与视频素材，以及每个案例制作过程的视频教程。

本书适合作为职业院校计算机相关专业影视后期制作课程的教材，也可以作为影视后期制作职业技能培训班教材。

图书在版编目(CIP)数据

动画与影视后期制作：After Effects CS4技能应用教程/张治平，王铁军主编.—北京：科学出版社，2011
（中等职业教育"十二五"规划课程改革创新教材·中职中专计算机动漫与游戏制作专业系列教材）
ISBN 978-7-03-030215-1

I.①动… II.①张… ②王… III.①图形软件，After Effects CS4–教材
IV.①TP391.41

中国版本图书馆CIP数据核字（2011）第 020876 号

责任编辑：陈砺川 王 刚/责任校对：马英菊
责任印制：吕春珉/封面设计：东方人华平面设计部

科 学 出 版 社 出版
北京东黄城根北街 16 号
邮政编码：100717
http://www.sciencep.com

骏 杰 印 刷 厂 印刷
科学出版社发行 各地新华书店经销
*

2011年 6月第 一 版 开本：787×1092 1/16
2011年 6月第一次印刷 印张：14 1/2
印数：1—3 000 字数：260 000

定价：30.00 元（含光盘）

（如有印装质量问题，我社负责调换＜骏杰＞）
销售部电话 010-62134988 编辑部电话 010-62138978-8020

中等职业教育 "十二五" 规划课程改革创新教材

中职中专计算机动漫与游戏制作专业系列教材

编写委员会

顾　问　　何文生　朱志辉　陈建国

主　任　　史宪美

副主任　　陈佳玉　吴宇海　王铁军

审　定　　何文生　史宪美

编　委（按姓名首字母拼音排序）

邓昌文　付笔闲　辜秋明　黄四清　黄雄辉　黄宇宪

姜　华　柯华坤　孔志文　李娇容　刘丹华　刘　猛

刘　武　刘永庆　鲁东晴　罗　忠　聂　莹　石河成

孙　凯　谭　武　唐晓文　唐志根　肖学华　谢淑明

张治平　郑　华

序

《国家中长期教育改革和发展规划纲要（2010—2020 年）》中明确指出，要"大力发展职业教育"，"把提高质量作为重点。以服务为宗旨，以就业为导向，推进教育教学改革。"可见，中等职业教育的改革势在必行，而且，改革应遵循自身的规律和特点。"以就业为导向，以能力为本位，以岗位需要和职业标准为依据，以促进学生的职业生涯发展为目标"成为目前呼声最高的改革方向。

实践表明，职业教育课程内容的序化与老化已成为制约职业教育课程改革的关键。但是，学历教育又有别于职业培训。在改变课程结构内容和教学方式方法的过程中，我们可以看到，经过有益尝试，"做中学，做中教"的理论实践一体化教学方式，教学与生产生活相结合、理论与实践相结合，统一性与灵活性相结合，以就业为导向与学生可持续性发展相结合等均是职业教育教学改革的宝贵经验。

基于以上职业教育改革新思路，同时，依据教育部 2010 年最新修订的《中等职业学校专业目录》和教学指导方案，并参考职业教育改革相关课题先进成果，科学出版社精心组织 20 多所国家重点中等职业学校，编写了计算机网络技术专业和计算机动漫与游戏制作专业的"中等职业教育'十二五'规划课程改革创新教材"，其中，计算机动漫与游戏制作专业是教育部新调整的专业。此套具有创新特色和课程改革先进成果的系列教材将在"十二五"规划的第一年陆续出版。

本套教材坚持科学发展观，是"以就业为导向，以能力为本位"的"任务引领"型教材。教材无论从课程标准的制定、体系的建立、内容的筛选、结构的设计还是素材的选择，均得到了行业专家的大力支持和指导，他们作为一线专家提出了十分有益的建议；同时，也倾注了 20 多所国家重点学校一线老师的心血，他们为这套教材提供了丰富的素材和鲜活的教学经验，力求以能符合职业教育的规律和特点的教学内容和方式，努力为中国职业教学改革与教学实践提供高质量的教材。

本套教材在内容与形式上有以下特色：

1．任务引领，结果驱动。以工作任务引领知识、技能和态度，关注的焦点放在通过完成工作任务所获得的成果，以激发学生的成就感；通过完成典型任务或服务，来获得工作任务所需要的综合职业能力。

2．内容实用，突出能力。知识目标、技能目标明确，知识以"够用、实用"为原则，不强调知识的系统性，而注重内容的实用性和针对性。不少内容案例以及数据均来自真实的工作过程，学生通过大量的实践活动获得知识技能。整个教学过程与评价等均突出职业能力的培养，体现出职业教育课程的本质特征。做中学，做中教，实现理论与实践的一体化教学。

3．学生为本。除以培养学生的职业能力和可持续性发展为宗旨之外，教材的体例设计与内容的表现形式充分考虑到学生的身心发展规律，体例新颖，版式活泼，便于阅读，重点内容突出。

4．教学资源多元化。本套教材扩展了传统教材的界限，配套有立体化的教学资源库。包括配书教学光盘、网上教学资源包、教学课件、视频教学资源、习题答案等，均可免费提供给有需要的学校和教师。

当然，任何事物的发展都有一个过程，职业教育的改革与发展也是如此。如本套教材有不足之处，敬请各位专家、老师和广大同学不吝赐教。相信本套教材的出版，能为我国中等职业教育信息技术类专业人才的培养，探索职业教育教学改革做出贡献。

信息产业职业教育教学指导委员会　委员

中国计算机学会职业教育专业委员会　名誉主任

广东省职业技术教育学会电子信息技术专业指导委员会　主任

何文生

2011 年 1 月

本书以 After Effects CS4 软件为平台，以培养影视制作人才为出发点，让读者能够零距离学习影视制作技术。书中的每一个案例均具有很强的实际应用价值。通过这些案例，读者可以学习到影视后期制作过程中必须具备的知识和技能。

本书共含九个单元，分别介绍了影视后期制作的基本技能、如何利用 After Effects CS4 制作基本动画、遮罩技术的应用、各种视频特效的实现、字幕及字幕特效的实现、影视转场技术的实现、如何处理影视音频，以及 3D 效果和表达式在影视制作中的应用等内容，总计需要约 80 个课时。

本书特点

◆ 本书的编者由多年从事影视制作教学的一线老师、多年从事视频后期处理竞赛训练的金牌教练、企业工程技术人员等组成。他们为本书倾注了丰富的案例素材和宝贵的教学经验，力求使影视后期制作技术的学习更加贴切岗位需求。

◆ 本书依从任务驱动的教学理念编写，把每个单元划分为若干个需要掌握的任务，以任务细化技能要点，以任务贯通并深化对知识点的学习，避免了传统教学方式存在的不足。同时，本书在安排技能操作时也尽量保证知识点的相对完整性、系统性和连贯性，不仅适合于中职学校技能训练教材，也适合于多媒体、影视制作等有关专业的实训教材。

◆ 本书对知识点、技能点的讲解图文并茂。在与本书配套的光盘中，配有每个案例的素材、案例最终效果视频展示和案例制作过程的视频教程。读者通过观看视频教程，可以轻而易举地掌握影视后期制作的技能。

本书定位

◆ 动画与影视后期制作基础技能教程。

◆ 职业培训教学用书。

◆ 引导影视爱好者轻松地掌握影视后期制作技能的自学用书。

读者范围

◆ 中职中专的教师和学生。

◆ 影视后期制作的广大爱好者。

本书编者

　　本书的编写得到了广东省职业技术教育学会电子信息技术专业指导委员会副主任史宪美的指导与支持，并由陈佳玉审定。张治平编写单元一、单元二、单元七，沈光永编写单元三，谭子财编写单元四和单元五，王铁军编写单元六，朱思进编写单元八，赵海涛编写单元九。在此，对为本书的出版而牺牲宝贵休息时间的各位专家和老师表示诚挚的谢意。

　　由于作者水平有限，加之时间仓促，书中存有错漏之处在所难免，望广大读者积极批评指正。

张治平

2011 年 2 月

目 录

单元一　影视后期制作基础与After Effects CS4　　　　　　　　1

任务一　使用AE制作影片 ………………………………………………… 2
　　　　训练1　制作动感滑雪视觉效果
　　　　　　　　——快速回放视频、视频截取 ……………………… 2
　　　　训练2　使用图片素材制作短片
　　　　　　　　——视频合成、导出以及图层使用 ………………… 7
任务二　AE与Photoshop结合使用 …………………………………… 17
　　　　训练3　画中画视频
　　　　　　　　——制作多镜头的视觉效果 ……………………… 17
单元小结 ……………………………………………………………… 23
单元练习 ……………………………………………………………… 23

单元二　制作简单动画视频　　　　　　　　　　　　　　　　　25

任务一　制作关键帧动画 ……………………………………………… 26
　　　　训练1　制作翻滚的报刊封面
　　　　　　　　——旋转、位移关键帧动画 ……………………… 26
　　　　训练2　渐显渐隐产品展示动画
　　　　　　　　——缩放、不透明度关键帧动画 ………………… 32
任务二　多个合成制作动画 …………………………………………… 39
　　　　训练3　多个合成制作电视栏目动画
　　　　　　　　——多个合成应用 ………………………………… 39
知识链接　影视后期合成最重要的面板——合成面板 …………… 48
单元小结 ……………………………………………………………… 52
单元练习 ……………………………………………………………… 52

单元三 **遮罩在视频中的应用** **55**

任务一　遮罩绘图、选定视频画面...56
　　　训练1　利用遮罩绘制一个椭圆
　　　　　　　——绘制图形...56
　　　训练2　通过遮罩截取视频部分画面
　　　　　　　——视频画面遮罩...58

任务二　遮罩动画...60
　　　训练3　制作望远镜效果
　　　　　　　——遮罩移动动画...60
　　　训练4　制作遮罩动画
　　　　　　　——遮罩变形动画...63
　　　训练5　海上日出效果
　　　　　　　——遮罩移动动画...66
　　　训练6　给字幕添加下划线
　　　　　　　——遮罩线条动画...72

知识链接　遮罩的制作与设置...75
单元小结...80
单元练习...80

单元四 **影视特效的应用** **81**

任务一　AE内置特效的应用...82
　　　训练1　活动电脑屏幕
　　　　　　　——视频画面边角变形.....................................82
　　　训练2　球面文字动画
　　　　　　　——字体变形效果...84
　　　训练3　数字流星效果
　　　　　　　——字体粒子效果...86
　　　训练4　透过窗户之景
　　　　　　　——颜色抠像...89
　　　训练5　马赛克效果
　　　　　　　——Mosaic特效...91
　　　训练6　水墨画效果
　　　　　　　——改变画面色彩...95

训练 7　制作下雪效果

　　　　——CCsnow 特效的使用 97

训练 8　制作水泡效果

　　　　——运用Foam特效 99

任务二　AE插件特效的应用 100

训练 9　制作耀眼的光效

　　　　——运用Particular 和 Shine特效 100

单元小结 102

单元练习 102

单元五　制作影视字幕　　　　　　　　　　　　　103

任务一　制作动画字幕 104

训练 1　手写简单字

　　　　——绘图效果 104

训练 2　打字效果

　　　　——路径文字效果 107

训练 3　滚动字幕

　　　　——字幕移动效果 109

训练 4　过光文字

　　　　——遮罩制作光效 110

训练 5　利用路径工具制作跳舞文字

　　　　——在文字上添加特效 113

任务二　预设动画字幕 116

训练 6　利用预设动画制作文字效果

　　　　——AE自带字幕动画 116

知识链接　多种方法创建文字 119

单元小结 119

单元练习 119

单元六　使用影视转场　　　　　　　　　　　　　121

任务一　AE内置特效转场 122

训练 1　利用特效转场制作相册

　　　　——设置转场特效参数制作转场效果 122

任务二　AE与Photoshop结合使用 128

训练2　利用预置动画制作活动DV转场

——应用预置转场特效 128

任务三　综合提高 133

训练3　制作"多屏影视转场"效果

——多屏转场 133

知识链接　AE主要转场特效 145

单元小结 148

单元练习 148

单元七　影视音频处理　　　　　　　　149

任务一　音频基本操作 150

训练1　为视频配解说

——配音对字幕 150

训练2　为颁奖大会配背景音乐

——音量调节、淡入淡出 156

任务二　音频特效应用 160

训练3　制作演唱会回音效果

——回音特效 160

训练4　改变说话人的音调

——去杂音，改变音调 163

单元小结 167

单元练习 167

单元八　制作3D影视效果　　　　　　　　169

任务一　应用3D图层 170

训练1　制作3D光效

——实现3D特效 170

训练2　飞舞的蝴蝶效果

——3D图层以及沿着路径运动 175

任务二　应用灯光和摄像机 179

训练3　飞行相册

——摄像机 179

训练4　立体行走效果

　　　　——灯光与摄像机 185

训练5　三维盒子

　　　　——3D Layer的应用 189

知识链接　三维空间及灯光、摄像机图层的建立 194

单元小结 197

单元练习 197

单元九　表达式在视频中的应用　　　　　　　　　　199

任务一　编写简单表达式制作特效 200

训练1　制作闪烁星星

　　　　——Opacity不透明度属性值随机变化 200

训练2　制作随机跳动的足球

　　　　——Position位置属性值随机变动 205

任务二　特效属性值通过表达式实现关联 209

训练3　制作视频启动进度条

　　　　——进度条与显示的数字关联 210

单元小结 215

单元练习 215

参考文献　　　　　　　　　　　　　　　　　　　　217

1

单元一 | 影视后期制作基础与 After Effects CS4

单元导读

　　After Effects（下文简称为 AE），英文单词字面意思是"后期效果"，是 Adobe 公司推出的一款图形视频处理软件，适用于从事设计和视频特技制作的机构，包括电视台、动画制作公司、个人后期制作工作室以及多媒体工作室。AE 提供了高级的运动控制、变形特效、粒子特效等，是专业的影视后期处理工具。本单元介绍 After Effects 基础知识，并且学习使用 After Effects CS4 制作简单影视短片。

技能目标

- 理解帧。
- 了解镜头。
- 层的使用。
- 影片制式。
- 按小键盘 0 键预览影片。
- 视频编辑，时间轴中帧的定位。
- 制作简单影片，了解 AE 的合成作用。
- 了解 After Effects CS4 工作界面及主要的面板。
- 影片导出、格式设置、保存路径设定。

任务一 使用 AE 制作影片

After Effects（简称 AE），是一款非常优秀的影视后期合成软件，它采用基于层的工作方式，可以非常方便地调入图片、视频、声音等多媒体素材，在合成面板中对多层的图像、视频进行控制、编辑，最终合成、导出一个视频。下面是一个视频合成界面，如图 1-1 所示。

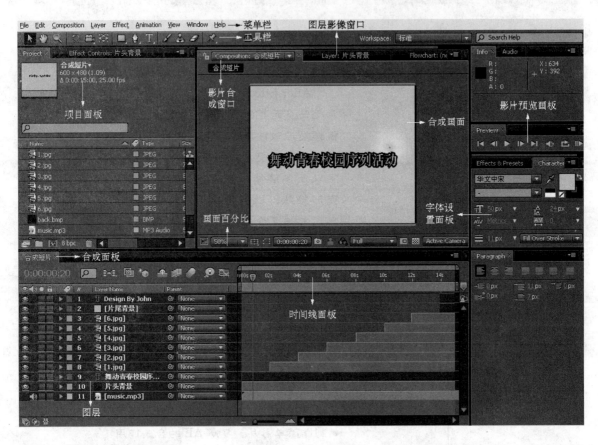

图 1-1 视频合成操作界面

图 1-2 动感滑雪镜头

训练 1 制作动感滑雪视觉效果
——快速回放视频、视频截取

▮ 训练说明 本次训练通过截取运动员滑雪的一段视频（运动员滑雪速度不快），然后加快视频播放速度，制作动感视觉效果。最终把影片导出为 AVI 视频格式的影片，影片的部分镜头如图 1-2 所示。

任务实现

01 启动 After Effects CS4。选择"开始"→"程序"→ Adobe After Effects CS4 命令。

02 新建一个项目文件。选择 File → New → New Project 命令，在新的项目文件中编辑、制作视频。

03 导入图片素材文件"畅游雪地 .wmv"。选择 File → Import → File 命令，如图 1-3 左图所示，拖动鼠标选中需要导入的素材"畅游雪地 .wmv"。

04 在项目文件中查看素材文件。在图 1-3 右图中单击"打开"按钮之后，则把素材文件导入到 Project 项目文件中的 Project 项目面板上，如图 1-4 所示。

小贴士

File→Import →File命令可导入素材，也可以在项目面板素材库中双击，然后在弹出的对话框中选择素材文件即可。

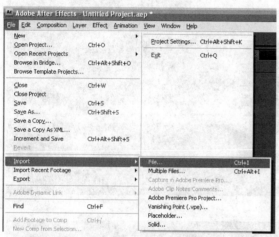 

图 1-3　导入素材

图 1-4　素材文件导入到项目面板

05 用鼠标拖动素材到 ▣ 图标上，则自动生成一个合成Composition：畅游雪地，接着就可以在合成窗口中对视频进行处理，如图1-5所示。

06 将时间线定位到15秒处，然后选择Edit → Split Layer命令则将该图层视频在15秒处切割成前后两段视频，如图1-6所示。

图1-5
新建合成

图1-6
裁剪视频

07 用鼠标选中图层 1，选择 Edit → Clear 命令或者按 Delete 键，删除掉图层 1；保留图层 2（即为前 15 秒的视频镜头），如图 1-7 所示。

08 提高播放速率制作动感视觉效果。用鼠标选中素材图层，右击，在弹出的快捷菜单中选择 Time → Time Stretch 命令或选择 Layer → Time → Time Stretch；并在弹出的对话框中设置 Stretch Factor 为 50%，则视频的播放速率变为原来的 2 倍，加快视频播放速度，如图 1-8 所示。

09 设置 Work Area End 合成结束时间。选中图层，在时间轴最右端单击 ▓（Work Area End），拖动活动板至时间线为 00:00:07:16，则合成视频在 7.5 秒处就结束，单击 Preview（预览窗口）面板上的图标 ▶ 即可预览视频，如图 1-9 所示。

小贴士

当 Stretch Factor 的数值大于 100% 时制作慢镜头效果，数值小于 100% 则快速播放视频，如果输入一个负值，则实现素材的反转播放效果。

图 1-7 留下需要的视频

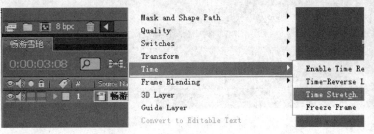

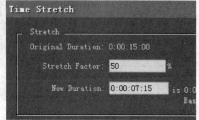

图 1-8 设置视频播放速率

图1-9 设置图层结束时间

10 渲染导出影片。选择 Composition → Make Movie 命令，在弹出的对话框中设置 Output to 参数设定导出影片的保存路径，设置 Output Module 参数设定导出视频格式和导出影片画面的质量等，如图1-10所示。

11 保存文件，选择 File → Save 命令即可。

12 文件打包，选择 File → Collect Files 命令。

图1-10 导出影片设置

知识点拨

裁剪视频，选择Edit→Split Layer命令。

改变播放视频速度，选择Layer→Time→Stretch命令。

预览影片，按小键盘上的"0"键。

生成影片，选择Composition→Make Movie命令。

影片视频画面输出设置如图1-11所示。

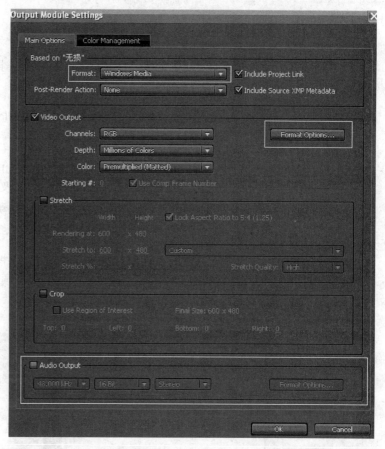

图 1-11　视频输出设置

拓展训练

（1）参照样片效果，利用提供的素材制作慢镜头效果。

（2）参照样片效果，利用提供的素材制作快镜头效果。

训练 2　使用图片素材制作短片
——视频合成、导出以及图层使用

训练说明　将图片素材导入到 AE 中，创建一个合成，把所有的图片素材放置到合成图层上，调整图片播放的时间先后顺序，最终把合成导出为 WMV 视频格式的影片。影片的部分镜头如图 1-12 所示。

图 1-12
动画部分视频镜头

▣ 任务实现

01 启动 After Effects CS4。选择"开始"→"程序"→Adobe After Effects CS4 命令。

02 新建一个项目文件。选择 File → New → New Project 命令，在新的项目文件中编辑、制作视频。

03 导入图片素材文件"1.jpg"、"2.jpg"、"3.pg"、"4.jpg"、"5.jpg"、"6.jpg"、"back.bmp"，以及音频素材"music.mp3"。选择 File → Import → File Import 命令，拖动鼠标选中需要导入的全部素材文件，可一次性把需要用到的素材文件导入到项目文件中，如图 1-13 右图所示。

04 在项目文件中查看素材文件。在图 1-13 右图中单击"打开"按钮之后，则把素材导入到 Project 项目文件中的 Project 项目面板上，如图 1-14 所示。

图 1-13　导入素材

图 1-14
素材库面板

05 新建一个合成。在 Project 项目面板下方单击图标 ▣ 新建一个合成，或者选择 Composition → New Composition 命令；设置 Composition Name 为"合成短片"，合成视频画面 Width（宽）为 600px（像素）、Height（高）为 480px（像素），Duration（合成视频画面时间长度）为 15 秒，如图 1-15 所示。

06 将短片片头背景图片放置到合成面板。在 Project 项目面板将素材"back.bmp"选中，然后将其拖动到合成面板的图层轨道上（或者拖动到合成窗口）后再松开鼠标，在合成面板中可看到多了一个图像图层"back.bmp"，如图 1-16 所示。

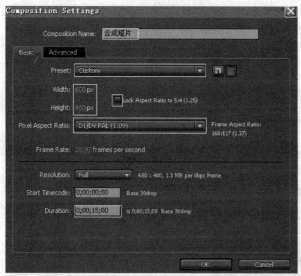

小贴士

一个 Composition 就是一个合成，在合成中可编辑、合成各种多媒体元素，按时间从开始至结束定做好各个时刻合成窗口中所播放内容，完成后可以把合成导出为影片，在一个项目文件中可以有多个 Composition。

Preset 是"预设"合成影片的制式。可以选择 Custom（自定义格式）、Web 视频（网站视频）、Web 横幅、NTSC（美洲国家使用电视制式视频）、PAL（亚洲国家使用电视制式视频）、HDV（高清晰数字电影视频）、HDTV（高清晰电视视频）。

图 1-15　新建合成

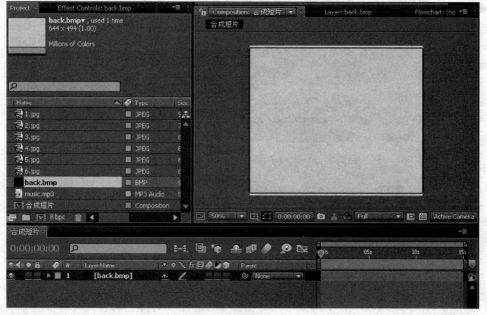

图 1-16　素材放到合成面板

创建文字图层方法常见有以下4种。

①选择 Layer → New → Text 命令，然后把鼠标光标定位到合成窗口中适当位置输入文字即可。

②工具栏面板中单击"文本输入工具" T 图标，接着在合成窗口中，单击定好输入文字位置，输入文字即可在合成面板中创建文字图层。

③在合成面板中右击，在弹出的快捷菜单中选择 New → Text 命令，然后输入文字即可。

④利用 Photoshop 输入文字，保存为 Psd 格式文件，然后导入到 AE 中当作字幕使用。

若需要删除文字图层，在合成面板中单击文字图层，接着按键盘上 Delete 键即可删除；删除图片图层、声音图层、视频图层等方法亦一样。

07 将图层改名。用鼠标选中图片图层 "back.bmp"，右击，在弹出的快捷菜单中选择 Rename 命令，给图层一个新的名字为"片头背景"如图 1-17 所示。

图 1-17　修改层名字

08 新建文字图层并输入片头字幕。选择 Layer → New → Text 命令，接着在合成窗口中，单击一下鼠标定好输入文字位置，输入文字"舞动青春校园序列活动"，在合成面板中可看到多了一个文字图层；接着在 Character 文字设置面板中设置字体效果，包括字体（华文中宋）、文字颜色（金黄色）、字体大小（50）、填充效果（Fill Over Stroke）等如图 1-18 所示；最后在工具栏面板中单击"选取工具" 图标在合成窗口中选中文字，并将文字调整到合成窗口中的适当位置。

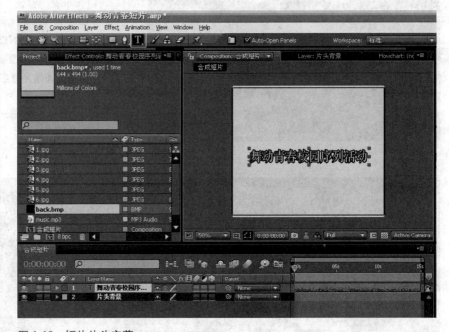

图 1-18　短片片头字幕

图层上下顺序会影响覆盖或者被覆盖的关系，上面图层会覆盖住下面图层。

09 将第 1 幅活动图片 "1.jpg" 拖动到合成面板。在 Project 项目面板用鼠标将素材 "1.jpg" 选中，然后将其拖动到合成面板的图层轨道上后再松开鼠标，在合成面板中可看到多了一个图层 "1.jpg"；调整图层上下顺序使得图层 "1.jpg" 位于最上方，如图 1-19 所示。

图 1-19
将素材"1.jpg"
放置到合成面板

10 在时间轴面板上调整图层使得时间从第 2 秒开始显示"1.jpg"
画面。在合成面板中用鼠标单击选中图层"1.jpg",接着在时间轴面板
中拖动时间线将时间定位到 0:00:02:00（2 秒）处,如图 1-20 所示。

图 1-20
定位时间线

小贴士

设置图层时间入点与出点。

①将光标移动到图层在时间轴上最左或最右端处，当光标变成 ↔ 形状时，向右/向左拖动，调整图层入点或出点时间。

②单击合成面板左下角图标按钮 ⊞ 展开入点、出点设置面板，然后设置 In、Out 的时间值，进行图层入点、出点时间设置，或者设置 Stretch(缩放)时间参数。完成后再单击图标按钮 ⊞ 收缩入点、出点设置面板，返回之前的操作界面。

11 合拢合成面板，展开时间轴面板。单击合成面板最左下方的图标按钮 ▣ （Expand or Collapse Layer Switches Pane）收缩合成的图层面板，如图 1-21 所示。

图 1-21　合拢合成面板，展开时间轴面板

12 调整图层"1.jpg"开始播放时间。把鼠标光标移动到"1.jpg"图层色标在时间轴上最左端处，当光标变成 ↔ 形状时向右拖动，直到把图层的色标拖动到与时间线齐平后再松开鼠标，如图 1-22 所示。

图 1-22　设置图层时间入点（开始点）

13 将第 2 幅活动图片"2.jpg"拖动到合成面板，调整图层上下顺序使得"2.jpg"位于最上方；把时间线定位到 0:00:04:00（4 秒）处，参照步骤 12 设置图层"2.jpg"的时间入点为 0:00:04:00（4 秒），如图 1-23 所示。

图 1-23
第 2 幅图片时间入点

14 参照步骤 13 把 3.jpg、4.jpg、5.jpg、6.jpg 拖动到合成面板，并设置它们的时间入点分别为 0:00:06:00（6 秒）、0:00:08:00（8 秒）、0:00:10:00（10 秒）、0:00:12:00（12 秒）。可按小键盘上的数字键"0"键预览目前影片效果，如图 1-24 所示。

小贴士

按小键盘上的数字键"0"即可预览影片效果。

图 1-24
系列图片的图层和时间入点设置

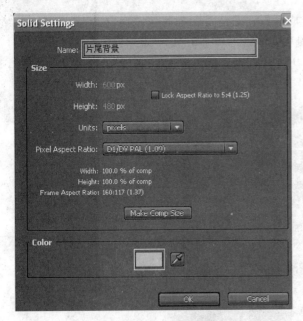

图1-25 建一固态层用作片尾背景

15 新建一个固态图层作为片尾背景。选择 Layer → New → Solid 命令，在弹出的对话框中输入固态层 Name 为"片尾背景"，设置颜色为浅蓝色，如图1-25所示。

16 在时间轴上设置片尾背景的时间入点。将时间线定位到 0:00:14:00（14秒），参照步骤15设置图层"片尾背景"入点，如图1-26所示。

17 输入片尾字幕。选择 Layer → New → Text 命令，自动生成新的文字图层，在合成窗口中输入文字 Design By John，并设置字体；接着使用工具栏中的选取工具 ![选取工具] 选中片尾字幕，将其移动到合成窗口中的适当位置；最后设置片尾字幕图层的时间入点位于 0:00:14:00（14秒），如图1-27所示。

18 添加背景音乐。把 Project 项目面板中的音乐文件 music.mp3 拖动到合成面板中，则在合成面板中自动增加了一个背景音乐图层"music.mp3"，如图1-28所示。

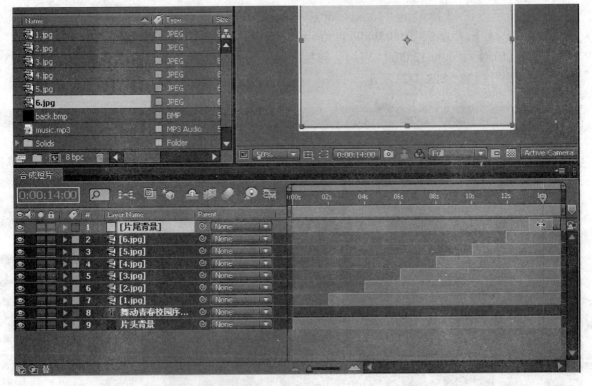

图1-26 图层"片尾背景"时间入点设置

图 1-27
片尾字幕

图 1-28
配上背景音乐

19 按小键盘上的数字键 "0" 预览关键帧动画效果。

20 导出带声音的影片。选择 Composition → Make Movie 命令导出动画视频，设置导出视频格式为 Windows Media（WMV），勾选上 Audio Output（声音输出）左侧的复选框，如图 1-29 所示。

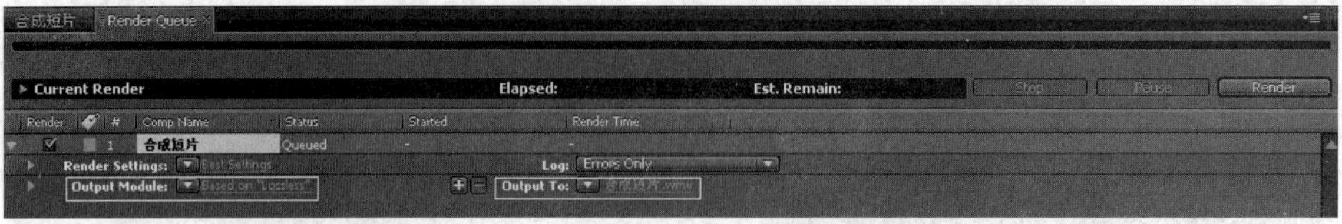

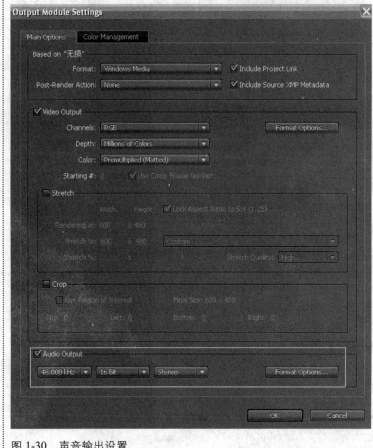

图 1-29　导出影片设置

21 选择 File → Save 命令保存视频工程源文件。

22 打包文件。接着选择 File → Collect Files 命令。

知识点拨

图层在时间轴入点、出点设置。把鼠标光标移动到图层色标在时间轴上最左/右端处，当光标变成 ⟷ 形状时按下鼠标左键后即可向左/向右拖动调整图层时间入点、出点；或者单击合成面板左下角图标按钮 ，然后设置In、Out的时间值，进行图层入点、出点时间设置，或者设置Stretch（缩放）时间。完成后图标按钮 返回之前操作界面。

图层顺序调整。在合成面板中的上下顺序会影响图层覆盖或被覆盖的关系，上面图层会覆盖或遮盖住下面的图层。

建立文字图层输入文字。选择Layer→New→Text命令，然后把鼠标光标定位到合成窗口中适当位置输入文字即可。

建立固态层，设置填充颜色作为背景或者绘制图层。选择Layer→New→Solid命令，在弹出对话框中输入固态层Name、设置颜色即可。

一个完整短片的构成包括：片头、短片内容、片尾、字幕和声音等。

声音输出设置如图1-30所示。

图 1-30　声音输出设置

拓展训练

(1) 参照样片效果，利用提供素材制作顺德美食宣传视频。

(2) 参照样片效果，利用提供素材制作春节花卉视频。

(3) 参照样片效果，利用提供素材制作汽车展览推销视频。

(4) 参照样片效果，利用提供素材制作西双版纳之行旅游视频。

任务二 AE 与 Photoshop 结合使用

　　After Effects 是一款视频后期处理的工具，为了制作出更加完美的视频效果，往往需要借助其他工具如图形图像处理工具 Photoshop 等配合一起使用。Photoshop 可以设计、绘制图形，处理、编辑图像，完成后保存为 psd 或 jpg 格式图片文件，将其导入到 AE 项目面板中当作素材使用；有时还需要结合 Maya、3ds Max、Auto CAD、会声会影等工具一起使用，完成视频后期制作。

训练3 画中画视频

——制作多镜头的视觉效果

训练说明 启动 After Effects CS4，把 4 个反映学生活动的视频素材以及 2 个通过 Photoshop 制作横线、竖线的图片导入到 AE 中；利用 AE 把这些素材合成有 4 个镜头效果的视频，最终把合成导出为 WMV 视频格式的影片。影片 4 个镜头效果如图 1-31 所示。

图 1-31 四屏画面效果镜头

任务实现

01 启动 After Effects CS4。

02 新建一个项目文件。选择 File → New → New Project 命令，在新的项目文件中编辑、制作视频。

03 导入视频素材"镜头1.wmv"、"镜头2.wmv"、"镜头

3.wmv"、"镜头4.wmv"以及预先用Photoshop制作好的图片素材"横线条.psd"与"竖线条.psd"。选择File→Import→File Import命令，拖动鼠标选中需要导入的全部素材，可一次性把需要用到的素材导入到项目文件中；如图1-32所示导入素材。

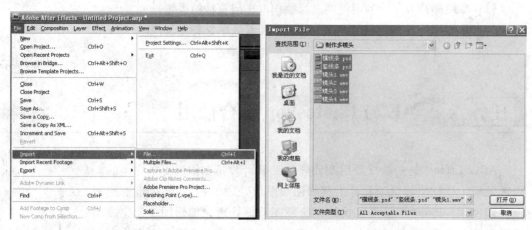

图 1-32　导入素材

04　在项目文件中查看素材文件。在图 1-32 右图中单击"打开"按钮之后，则把素材导入到 Project 项目文件中的 Project 项目面板上，如图 1-33 所示。

05　新建一个合成。在 Project 项目面板下方单击图标 新建一个合成，或者选择 Composition → New Composition 命令；设置

图 1-33　素材库面板

Composition Name（合成名称）为"合成多镜头"，合成视频画面 Width（宽）为 600px（像素）、Height（高）为 480px（像素），Duration 为 9 秒（合成视频画面时间长度），如图 1-34 所示实现新建一合成。

06 将素材"镜头 1.wmv"拖动到在合成窗口中左上角作为第一个镜头。在 Project 项目面板用鼠标将素材"镜头 1.wmv"选中，然后将其拖动到合成面板的图层轨道上（或者拖动到合成窗口）后再松开鼠标；接着单击工具栏中选取工具 对合成窗口中的视频位置进行调整，使得它居于合成窗口中左上角。在合成面板中可看到多了一个图层"镜头 1.wmv"，如图 1-35 所示。

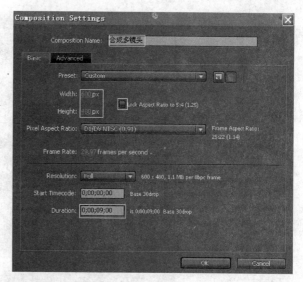

图 1-34　新建合成

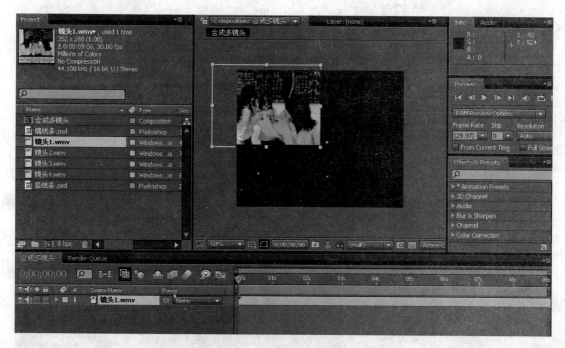

图 1-35　第一个镜头

07 将素材"镜头 2.wmv"拖动到在合成窗口中右上角作为第二个镜头。在 Project 项目面板用鼠标将素材"镜头 2.wmv"选中，然后将其拖动到合成面板的图层轨道上（或者拖动到合成窗口）后再松开鼠标；接着单击工具栏中选取工具 对合成窗口中的视频位置进行调整，使得它居于合成窗口中右上角。在合成面板中可看到多了一个图层"镜头 2.wmv"，并调整图层的上下层顺序，如图 1-36 所示。

图 1-36
第二个镜头

08 将素材"镜头 3.wmv"、"镜头 4.wmv"拖动到在合成窗口中作为第三、第四个镜头。参照上述方法将"镜头 3.wmv"放置到合成窗口左下角位置、将"镜头 4.wmv"放置到合成窗口右下角位置，并调整好 4 个图层的上下层顺序，如图 1-37 所示。

图 1-37
第三、第四个镜头

09 将素材"横线条.psd"拖动到合成窗口中间位置作为视频画面上下分隔线。在 Project 项目面板用鼠标将素材"横线条.psd"选中，然后将其拖动到合成窗口上下中央后再松开鼠标；接着单击工具栏中选取工具 ▶（或者通过小键盘的方向键"↑"、"↓"）对合成窗口中的白色横线条位置进行调整，使得它把上边 2 个镜头与下边 2 个镜头分隔开，再调整图层上下层顺序，如图 1-38 所示。

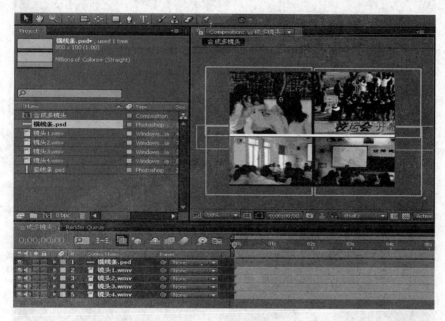

图 1-38　处理"横线条.psd"素材

10 将素材"竖线条.psd"拖动到合成窗口中间位置作为视频画面左右分隔线。在 Project 项目面板用鼠标将素材"竖线条.psd"选中，然后将其拖动到合成窗口水平中央后再松开鼠标；接着单击工具栏中选取工具 ▶（或者通过小键盘的方向键→、←）对合成窗口中的白色竖线条位置进行调整，使得它把左边 2 个镜头与右边 2 个镜头分隔开，再调整图层上下层顺序，如图 1-39 所示。

11 按小键盘上数字键"0"预览关键帧动画效果。

12 导出带声音的影片。选择 Composition → Make Movie 命令导出动画视频，设置导出视频的格式为 Windows Media（WMV），勾选上 Audio Output（声音输出）左侧的复选框，如图 1-40 所示。

13 选择 File → Save 命令，保存视频工程源文件。

14 打包文件。选择 File → Collect Files 命令。

图 1-39　处理"竖线条.psd"素材

图 1-40　导出影片设置

知识点拨

　　Photoshop是Adobe公司推出的一款优秀的影像处理软件，在图形图像处理、平面设计、影像设计等都起到一个不可代替的作用。影像处理是一切图形影像工作的基础部分，在影视制作前期的图形制作、后期的影像处理等方面都离不开影像处理软件。Photoshop的操作界面如图1-41所示。

　　画中画也就是多镜头视频效果，在同一屏幕上同时显示几个节目。在电视节目制作时经常也用到画中画技术，在正常观看的主画面同时插入一个或几个经过压缩的子画面，以便在欣赏主画面的同时，监视其他画面，如图1-42所示。

图 1-41 Photoshop 操作界面

图 1-42 画中画

拓展训练

（1）参照效果 T31A，利用提供素材制作电视节目画中画效果，主画面显示学生表演情况，另一个小画面显示主持人解说、主持节目的镜头。

（2）参照效果 T31B，利用提供素材制作公开课画中画效果，主画面显示老师上课情况，另一个小画面显示学生参与情况。

（3）参照效果 T31C，利用提供素材制作三镜头视屏画面效果。

单元小结

本单元通过具体实例介绍了影视前期准备与后期制作的基本知识，影视制作基本流程，影视制作过程按时间顺序一般分为前期准备、中期准备、后期制作。前期准备过程中准备好影片剧本（主题、剧本文案）、分镜头剧本创作、美工设计（风格、造型、场景）、素材（拍摄、影像、乐曲）；有了前期工作准备，将得到大量的素材或者半成品，接着通过影视制作、合成工具利用艺术手段将素材或半成品组合起来就是后期制作。常见影视后期制作工具有 Adobe After Effects、Adobe Premiere Pro、Avid Media Composer 等，还有操作相对简单的视频编辑与合成软件"会声会影"等。本单元学习完后对使用 After Effects 制作简单影视效果、制作短片有一定的了解，也掌握了 After Effects 的简单操作方法。其工作界面如图 1-1 所示。

单 元 练 习

一、判断

1．After Effects 是 Adobe 公司推出的一款影视后期制作软件。　　　　（　　）

2．建立文字图层，在影片中输入文字只能选择 Layer → New → Text 命令，没有其他方法做到。　　　　（　　）

3．Make Movie 导出影片时只能导出 MOV 格式。 （　　）

4．After Effects 英文版中选择 Edit → Preferences → General 即可设置 After Effects 操作界面
的皮肤。 （　　）

二、填空

1．使用 After Effects 在制作、合成影片过程中为了预览影片效果，可按小键盘数字区域中的
_____键即可预览。

2．AE 完整写法是_____。

3．保存 After Effects 项目源文件的快捷键是_____。

三、实操

1．利用素材 N1 制作慢镜头视频效果，具体效果参照 T1.wmv 所示，把做好影片设置导出视
频帧频 25 帧 / 秒，把影片导出保存为 K01.WMV。

2．利用素材 N2 截取一段视频，制作快播放镜头视觉效果，具体效果参照 T2.wmv 所示，把
做好的影片设置导出视频帧频 29 帧 / 秒，把影片导出保存为 K02.WMV。

3．利用提供素材制作顺德花卉博览短片视频，具体效果参照 T3.wmv 所示，把影片导出保存
为 K03.MOV 格式。

4．利用提供素材制作动感多镜头视频效果，具体参照 T4.wmv 所示，把影片导出保存为
K04.AVI 格式。

2

单元二　制作简单动画视频

单元导读

　　有了关键帧，使得 After Effects 对于控制高级的二维动画游刃有余；结合后面单元将要学习的特技、特效系统，可以让使用者的创意发挥得淋漓尽致。After Effects 提供了强大的动画制作功能，通过 After Effects 可以轻松地制作出如 Flash 的动画效果。本单元主要介绍使用 After Effects 制作基本动画和应用多个合成制作稍微复杂的动画视频；这些关键帧动画效果可在电视节目片头制作和包装方面发挥重要的作用。下面主要以关键帧动画实例介绍 After Effects 关键帧动画视频的应用。

技能目标

● 合成面板。

● 关键帧动画制作。

● 时间面板、固态层。

● 视频背景层、层顺序。

● 利用多个合成制作影片。

● 通过变化层中的 Position、Rotation、Scale、Opacity、Anchor Point 属性制作动画。

任务一 制作关键帧动画

　　所谓关键帧动画，就是用关键帧定义的关键动作形成动画；关键动作之间的过渡变换过程由软件自动完成；关键帧之间的过渡画面叫做过渡帧，如图 2-1 所示。最基本的 4 种关键帧动画为位移关键帧动画、旋转关键帧动画、缩放关键帧动画、不透明度关键帧动画。本任务通过层的变化属性（Transform）的 Position、Rotation、Scale、Opacity、Anchor Point 制作关键帧动画视频。

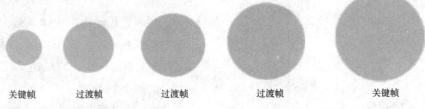

关键帧　　　　过渡帧　　　　过渡帧　　　　过渡帧　　　　关键帧

图 2-1　关键帧和过渡帧

训练 1　制作翻滚的报刊封面
——旋转、位移关键帧动画

训练说明　通过层变化属性（Transform）的 Position 和 Rotation 制作报刊封面翻滚着出现在视频画面中的动画效果，并将完成的动画视频导出为 MOV 视频格式。其中影片部分镜头截图如图 2-2 所示。

图 2-2　动画部分视频镜头

任务实现

01 打开 After Effects CS4。

02 新建一个工程文件。

03 导入素材"报刊 .bmp"。选择 File → Import → File Import 命令，把素材导入到 Project（项目）面板中，如图 2-3 所示。

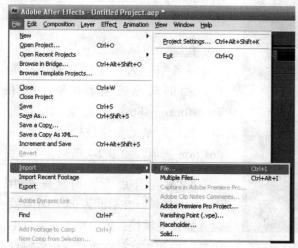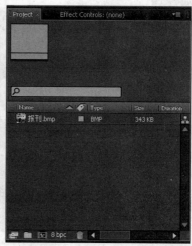

图 2-3　导入素材

04 新建一个合成。选择 Composition → New Composition 命令；设置 Composition Name（合成名称）为"报刊动画合成"，合成视频画面 Width（宽）为 720px（像素）、Height（高）为 576px（像素），Duration（合成视频画面时间长度），如图 2-4 所示。

05 把 Project（项目）面板中素材"报刊 .bmp"拖动到合成面板的图层 1 轨道上，如图 2-5 所示。

图 2-4　新建合成

图 2-5　素材放到合成面板

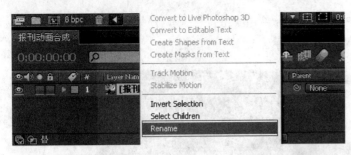

图 2-6 修改层名字

图 2-7 展开层属性

06 用鼠标选中图层 1(Layer)，右击之，在弹出的快捷菜单中选择 Rename 命令，给图层 1 一个新的名字为"报刊"，如图 2-6 所示。

07 用鼠标选中 Layer Name（图层名字）为"报刊"的层，单击前面的灰色三角形按钮，展开 Transform → Position 选项，或者选中"报刊"层后按快捷键"P"打开 Position 选项，如图 2-7 所示。

08 在合成面板用鼠标选中 Position 属性，在时间为 00:00:00:00 帧位置插入关键帧，然后在合成窗口中用鼠标拖动素材把它放置到合成窗口右上角适当位置；或者直接输入 Position 在此时的值为（656，-18），给 Position 创建第一个关键帧，如图 2-8 所示。

图 2-8
Position 第一个关键帧

09 在合成面板拖动时间线将时间定位到 0:00:02:00 帧位置，在合成窗口标题栏拖动素材到合成窗口中央适当位置，或者直接输入此时 Position 的值为（336，280），自动会插入 Position 的第二个关键帧；则素材在第 0 秒（656，-18）到第 2 秒（336，280）之间发生位移关键帧动画已创建完毕，如图 2-9 所示。

图 2-9　Position 第二个关键帧

10 在合成面板用鼠标选中 Rotation 属性，在时间为 0:00:00:00 帧位置插入关键帧，如图 2-10 所示。

图 2-10　Rotation 第一个关键帧

11 在合成面板拖动时间线将时间定位到 0:00:02:00 帧位置，通过工具栏面板中旋转工具 ▣ 对合成窗口中元素进行旋转；或者直接设置此时 Rotation 的值为"2x +0.0°"。实现制作在第 0 秒与第 2 秒之间旋转关键帧动画效果，如图 2-11 所示。

图 2-11 Rotation 第二个关键帧

12 按键盘上数字键 "0" 预览关键帧动画效果。

13 渲染导出合成影片。选择 Composition → Make Movie 命令导出动画视频，设置导出视频格式为 QuickTime Movie（MOV），如图 2-12 所示。

图 2-12 导出影片设置

14 选择 File → Save 命令保存视频工程源文件。

15 打包文件。接着选择 File → Collect Files 命令。

知识点拨

位移关键帧动画。通过对素材位置（Position）发生改变创建关键帧制作出来的动画效果称为位移关键帧动画，如小鸟飞行、小球垂直向上运动、升起的气球、运动的汽车等。通过小球位置Position。关键帧制作其在水平面上运动的动画效果，如图2-13所示。

旋转关键帧动画。将素材绕轴心旋转（Rotation）一定角度创建关键帧制作出来的动画效果称为旋转关键帧动画；如制作字体旋转、时钟针表旋转、物体圆周运动动画效果等。通过Rotation关键帧制作文字绕轴心旋转动画效果，如图2-14所示。

Position关键帧数值改变制作报刊封面位置变化动画效果，Rotation关键帧数值改变制作报刊封面旋转动画效果。

不但图片可以制作如此动画效果，视频镜头同样可以制作动画效果。

图 2-13　小球水平移动动画

图 2-14　文字旋转动画

拓展训练

（1）参照效果 T21A，利用提供的素材制作小球运动效果的动画视频。

（2）参照效果 T21B，利用小球做圆周运动效果的视频动画。

（3）参照效果 T21C，利用门的展开效果，制作视频动画。

训练 2　渐显渐隐产品展示动画

——缩放、不透明度关键帧动画

训练说明　通过层变化属性（Transform）的 Scale（缩放）和 Opacity（不透明度）制作数码相机产品由小变大出现在合成窗口中，接着制作不透明度慢慢变小直到数码相机产品在合成窗口中消失为止的动画效果。动画部分视频镜头如图 2-15 所示，并将完成的动画视频导出为 MOV 视频格式。

  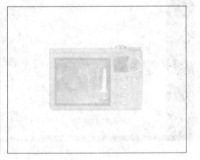

图 2-15　动画部分视频镜头

任务实现

01 打开 After Effects CS4。

02 新建一个项目文件。

03 导入素材"相机 .psd"。选择 File → Import → File Import 命令，把素材导入到 Project（项目）面板中，如图 2-16 所示。

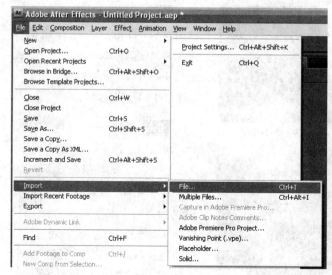

图 2-16　导入素材

04 新建一个合成。选择 Composition → New Composition 命令；设置 Composition Name（合成名称）为"合成动画"，合成视频画面 Width（宽）为 720px、Height（高）为 576px，Frame Rate（帧率）为 25 帧 / 秒，Duration（合成视频画面时间长度），如图 2-17 所示。

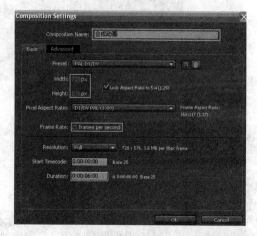

图 2-17　新建合成

05 把 Project（项目）面板中素材"相机 .psd"拖动到合成面板的图层 1 轨道上，如图 2-18 所示。

图 2-18　素材放到合成面板

图 2-19　改层名字

06 用鼠标选中图层 1（Layer），右击之，在弹出的快捷菜单中选择 Rename 命令，给图层 1 一个新的名字为"相机"，如图 2-19 所示。

07 新建一个白色固态层（Solid）。选择 Layer → New → Solid 命令，或者在合成面板右击，在弹出的快捷菜单中选择 New → Solid 命令，或者使用快捷键 Ctrl+Y 新建一个固态层，把固态层 Name（名字）设置为"背景"，Color（颜色）设置为白色，如图 2-20 所示。

08 调整图层面板中"相机"层与"背景"层的上下顺序，使得"相机"层在"背景"层上方，如图 2-21 所示。

小贴士

此处新建的白色固态层作为影视背景。固态层的其中一个作用就是作为影视背景，固态层有时也用来绘制图形，将在下一单元讲到。

图 2-20　新建固态层设定白色

图 2-21　调整层顺序

09　用鼠标选中"相机"层，单击前面的灰色三角形按钮，展开
Transform → Scale 选项，或者选中"相机"层后按快捷键 S 打开 Scale（缩
放）选项；接着选中 Scale 属性，在时间为 0:00:00:00 帧位置单击 Scale
属性左侧图标 ⬤ 创建关键帧，设定 Scale 属性值为（20.0，20.0%）即把
图像缩小到原图像大小的 20%，如图 2-22 所示。

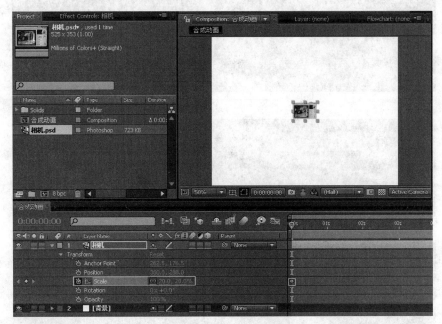

图 2-22
Scale 第一个关键帧

10　在合成面板拖动时间线将时间定位到 0:00:03:00 帧位置，设定
此时 Scale 的值为（100.0，100.0%）则自动会插入 Scale 的第二个关键帧；
或者定位到 0:00:03:00 帧位置后，单击 Scale 左侧图标 ⬤，插入关键帧
后设定 Scale 第二个关键帧处的值为（100.0，100.0%），如图 2-23 所示。

图 2-23
Scale 第二个关键帧

11 同理，在 0:00:03:12 帧处，创建 Scale 第三个关键帧设定其值为（150.0，150.0%）；在 0:00:04:00 帧处，创建 Scale 第四个关键帧设定其值为（150.0%，150.0%）；在 0:00:04:12 帧处，创建 Scale 第五个关键帧，设定其值为（80.0，80.0%），如图 2-24 所示。

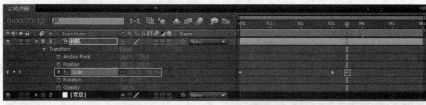

Scale 第三个关键帧

Scale 第四个关键帧

图 2-24　Scale 第三、四、五个关键帧

Scale 第五个关键帧

12 选中 Opacity 属性，在时间为 0:00:05:00 帧位置单击 Opacity 属性左侧图标 插入关键帧，设定 Opacity 属性值为 100%，即把图像不透明度值设置为 100% 不透明，如图 2-25 所示。

图 2-25 Opacity 第一个关键帧

13 在合成面板拖动时间线将时间定位到 0:00:06:00 帧位置，设定此时 Opacity 的值为 0%，则自动会插入 Opacity 的第二个关键帧；或者定位到 0:00:05:24 帧位置后单击 Opacity 左侧图标 ◆ 插入关键帧后设定 Opacity 第二个关键帧处的值为 0%，即把素材元素变成全透明，如图 2-26 所示。

图 2-26　Opacity 第二个关键帧

14 按键盘上数字键"0"预览关键帧动画效果。

15 渲染导出合成影片。选择 Composition → Make Movie 命令导出动画视频，设置导出视频格式为 QuickTime Movie（MOV），如图 2-27 所示。

图 2-27　导出影片设置

16 选择 File → Save 命令保存视频工程源文件。

17 打包文件。选择 File → Collect Files 命令。

知识点拨

　　缩放关键帧动画。通过对素材缩放（Scale），即放大或缩小素材创建关键帧制作出来的动画效果称为缩放关键帧动画，如制作树木生长效果、目标景物在镜头中由远及近或由近及远的镜头效果等。通过缩放Scale关键帧制作小球由小变大的效果如图2-28所示。

　　不透明度关键帧动画。通过变化素材不透明度（Opacity）创建关键帧实现制作动画效果称为不透明度关键帧动画。图2-29所示为显示树木不透明度变化的动画效果。

　　Scale关键帧实现对相机产品放大缩小进行控制，Opacity关键帧是对素材元素不透明度变化进行控制。

　　选择Layer→New→Solid命令可新建固态层，本案例中新建一个白色固态层作为影视背景。

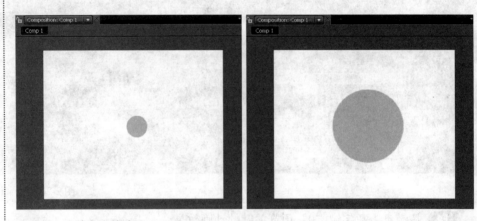

图 2-28　小球变大的动画

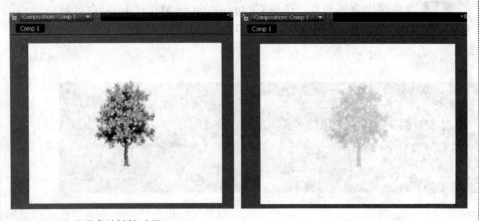

图 2-29　不透明度关键帧动画

■ 拓展训练

□ **拓展训练**

（1）参照效果 T22A，利用提供的素材制作树木生长效果视频动画。

（2）参照效果 T22B，利用提供的素材制作气球在天空中慢慢远去，且慢慢消失的动画效果。

（3）参照效果 T23C，利用提供的素材制作时装展示动画视频。

任务二　多个合成制作动画

　　合成可以是固态层或素材层的合成影像；还可以将合成影像放到其他的合成影像中，形成新的合成，即合成的嵌套。

　　在视频后期制作过程中至少需要一个合成来组合各种素材元素完成影片制作，碰到较为复杂视频时往往需要由多个合成一起配合完成影片的后期制作。当使用多个合成制作一个影片时，其中会有一个作为主合成，其他合成作为主合成的辅助素材使用。图 2-30 所示是多个合成的应用案例。

图 2-30　多个合成应用案例

训练 3　多个合成制作电视栏目动画
——多个合成应用

■ **训练说明**　新建一个合成制作圆圈闪烁动画效果作为另外一个合成的素材使用；在主合成中制作两个白色条线条运动关键帧动画、地球平移关键帧动画、放置闪烁圆圈的合成，最终合成绚丽动画效果。其部分视频镜头效果如图 2-31 所示。

图 2-31　绚丽动画部分镜头

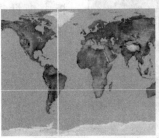
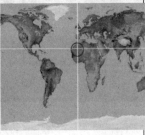
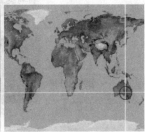

任务实现

01 打开 After Effects CS4。

02 新建一个项目文件。

03 导入素材"地图 . jpg"、"横线 . psd"、"竖线 . psd"、"圆 .psd"。选择 File → Import → File Import 命令，把素材导入到 Project（项目）面板中，如图 2-32 所示。

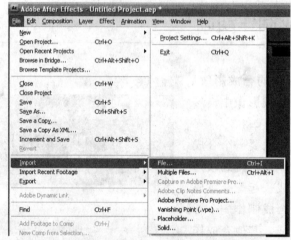

图 2-32
导入素材

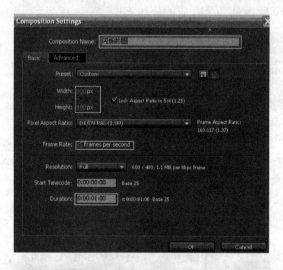

图 2-33
新建第 1 个合成

04 新建一个合成。在 Project（项目）面板中单击图标 ▣ 新建一个合成；设置 Composition Name（合成名称）为"闪烁的圆"，合成视频画面 Width（宽）为 600px、Height（高）为 400px，Frame Rate（帧率）为 25 帧 / 秒，Duration（合成长度）为 1 秒，如图 2-33 所示。

05 把 Project（项目）面板中素材"圆 .psd"拖动到合成面板的图层 1 轨道上，如图 2-34 所示。

图 2-34
素材置于合成中

06 用鼠标选中图层 1 (Layer)，右击之，在弹出的快捷菜单中选择 Rename 命令，给图层 1 一个新的名字为"圆"，如图 2-35 所示。

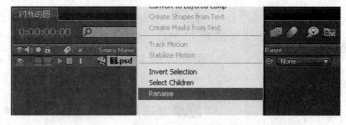

图 2-35 修改层名字

07 用鼠标选中"圆"层后按快捷键 S 打开 Scale 选项；接着选中 Scale 属性，在时间为 0:00:00:00 帧位置单击 Scale 属性左侧图标 插入关键帧，设定 Scale 属性值为（20.0，20.0%），即把图像缩小到原图像大小的 20%，如图 2-36 所示。

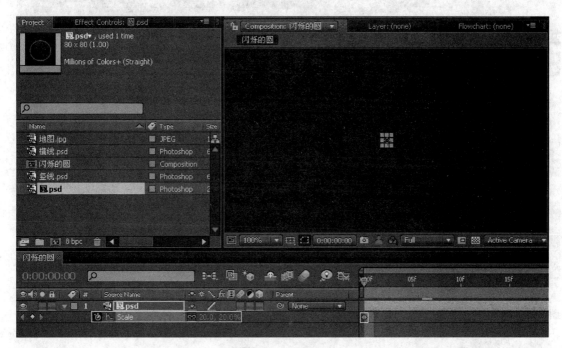

图 2-36 缩小第一个关键帧

08 在合成面板拖动时间线将时间定位到 0:00:00:06 帧位置，设定此时 Scale 的值为（100.0，100.0%）后则自动会插入 Scale 的第二个关键帧，或者定位到 0:00:00:06 帧位置后，单击 Scale 左侧图标 插入关键帧，设定 Scale 第二个关键帧处的值为（100.0，100.0%），如图 2-37 所示。

图 2-37 Scale 第二个关键帧

09 同理在 0:00:00:12 帧处，创建第三个关键帧设定的 Scale 值为 (0.0，0.0%)；在 00:00:00:18 帧处，创建第四个关键帧设定的 Scale 值为（100.0%，100.0%）；在 0:00:00:24 帧处，创建 Scale 第五个关键帧，设定其值为（0.0，0.0%），如图 2-38 所示。

10 新建第二个合成。在 Project（项目）面板中单击图标 █ 新建一个合成；设置 Composition Name（合成名称）为"合成动画"，合成视频画面 Width（宽）为 600px（像素）、Height（高）为 480px（像素），Frame Rate（帧率）为 25 帧 / 秒，Duration（合成长度）为 7 秒，如图 2-39 所示。

设置第三个关键帧Scale值

设置第四个关键帧Scale值

设置第五个关键帧Scale值

图 2-38　Scale 第三、四、五个关键帧

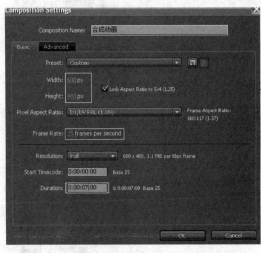

图 2-39　新建第二个合成

11 把 Project（项目）面板中素材"地图 .jpg"、"横线 .psd"、"竖线 .psd"拖动到合成面板的图层区域，并调整它们的图层上下顺序，如图 2-40 所示。

图 2-40
素材置于第 2 个合成中

12 用鼠标分别选中各图层，右击之，在弹出的快捷菜单中选择 Rename 命令，分别给图层命名为"竖线"、"横线"、"地图"，如图 2-41 所示。

图 2-41　改各层的名称

13 选中图层"地图"，在合成影视窗口中拖动地图左边与影视窗口的左边对齐，或者选中图层"地图"后按快捷键 P 打开属性 Position（位置），设置其值为（328，240），如图 2-42 所示。

图 2-42
设置地图初始位置

14 在 0:00:00: 00 帧位置，选中"横线"层后按快捷键 P 打开 Position（位置）选项，单击 Position 属性左侧图标 ⬚ 创建关键帧，设定 Position 属性值为（298，330）；接着选中"竖线"层后按快捷键 P 打开 Position（位置）选项，单击 Position 属性左侧图标 ⬚ 创建关键帧，设定 Position 属性值为（194，350），如图 2-43 所示。

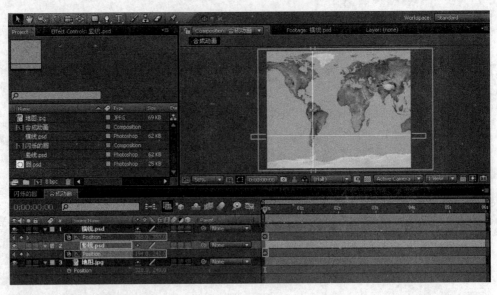

图 2-43　横线、竖线第一关键帧

15 在 0:00:01:00 帧位置，选中"横线"层，单击其 Position 属性左侧图标 ■ 插入第二个关键帧，设定 Position 属性值为（298，175），实现从下向上平移线条；接着选中"竖线"层，单击其 Position 属性左侧图标 ■ 插入第二个关键帧，设定 Position 属性值为（319，350），实现从左向右平移线条，如图 2-44 所示。

图 2-44　横线、竖线第二关键帧

小贴士

合成动画中第 1 秒处，横线和竖线两条线条分别向上、向右平移到地图中地理位置显示为"中国"的版图内交汇。

16 在 0:00:03:00 帧位置，选中"横线"层单击其 Position 属性左侧图标 ■ 插入第三个关键帧，保持 Position 属性值（298，175）不变；接着选中"竖线"层单击其 Position 属性左侧图标 ■ 插入第三关键帧，保持 Position 属性值（319，350）不变；接着选中"地图"层后按快捷键 P 打开 Position（位置），单击 Position 属性右侧图标 ■ 创建关键帧，保存 Position 属性值（328，240）不变，如图 2-45 所示。

图 2-45　横线和竖线第三关键帧，地图第一关键帧

17 制作地图从右向左平移，横线从上向下平移，竖线从左向右平移的动画效果。把时间定位到 0:00:04:00 帧，选中"地图"层的 Position 属性，在合成窗口中把地图从右向左拖动一定距离；接着选中"横线"层的 Position 属性，在合成窗口中把横线从上向下拖动一定距离；最后选中"竖线"层的 Position 属性，在合成窗口中把竖线从左向右拖动一定距离，如图 2-46 所示。

18 把合成"闪烁的圆"拖动两次到"合成动画"的图层面板中；在时间轴面板中拖动它们，使得它们分别在 0:00:02:00 和 0:00:05:00 开始播放，如图 2-47 所示。

19 调整两个"闪烁的圆"在名称为"合成动画"，合成影视窗口中的位置。使用工具栏中 ■ 选定工具在合成窗口中选定"闪烁的圆"后，将其拖动到合成窗口中的适当位置，如图 2-48 所示。

20 完成合成制作，保存最终文档。

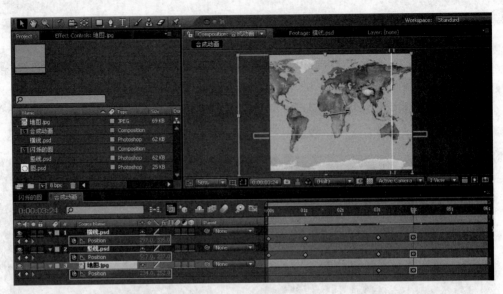

图 2-46 地图第二个关键帧、横线和竖线第四关键帧

图 2-47 合成的动画作为另一合成素材

图 2-48 位置调整

拓展训练

（1）参照效果 T23A，制作电视栏目动画效果，如图 2-52 所示。

（2）参照效果 T23B，利用素材制作相似动画效果。

知识点拨

两个合成的各关键帧设置用表格直观表示，如表2-1和表2-2所示，效果如图2-49和图2-50所示。

表 2-1　辅助合成中的 Scale 设置

层＼帧	00 帧	06 帧	12 帧	18 帧	24 帧
闪烁的圆	20%	100%	0%	100%	0%

表 2-2　主合成各元素的 Position 设置

层＼秒	0 秒	1 秒	2 秒	3 秒	4 秒	5 秒	6 秒	7 秒
闪烁的圆			(316, 172)			(516, 330)		
横线	(298, 330)	(298, 175)		(298, 175)	(298, 335)			
竖线	(194, 350)	(319, 350)		(319, 350)	(519, 350)			
地图	(328, 240)			(460, 240)	(234, 352)			

进一步认识合成的时间，如图2-51所示。

本任务应用了合成嵌套，把某些元素做成一个合成作为另一个合成的素材使用。

图 2-49　辅助合成闪烁圆 Scale 各关键帧设置

图 2-50　设置合成动画中各层 Position 值

天 时 秒 帧

图 2-51　时间单位

图 2-52　效果图

■ **知识链接　影视后期合成最重要的面板——合成面板**

1. 合成面板

合成面板由三大区域组成，分别是层区域、时间轴区域、控制面板区域如图 2-53 所示。合成面板是影视后期合成中最主要的操作面板，通过合成面板可以将图片、视频、文字、动画、声音等多媒体素材整合成可用的影像视频。

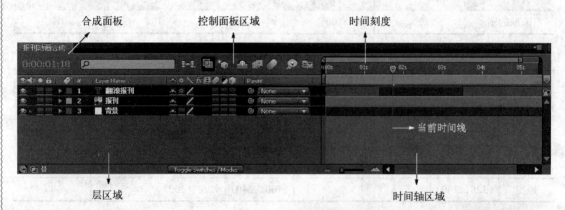

图 2-53　合成面板介绍

2. 创建与修改合成属性

（1）创建 / 新建合成。选择 Composition → New Composition 命令，也可以在 Project（项目）面板中右击，在弹出的快捷菜单中选择 New Composition，或者在 Project（项目）面板中单击图标 ▣ 实现新建一个合成；即可弹出设定合成属性的对话框如图 2-54 所示。

各选项的含义如下。

Composition Name：合成名称。

Preset：设定合成视频制式。

Width：合成视频画面水平宽度。

Height：合成视频画面垂直宽度。

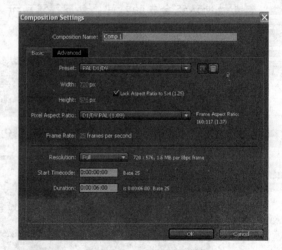

图 2-54　设定新建合成属性

Frame Rate：设定合成视频帧率，即每秒保存多少帧的画面。

Duration：合成时间长度。

（2）修改合成属性。选择 Composition → Composition Settings 命令，或者在合成面板中右击，在弹出的快捷菜单中选择 Composition Settings 命令，在弹出的对话框中即可修改合成的属性。

3. 层区域及有关层工具

（1）素材控制开关 ◎◉●🔒：包括视频开关、音频开关、隔离开关、锁定开关。

:视频开关，显示或隐藏对应层的视频与图像。

:音频开关，对该层声音打开或静音。

:隔离开关，打开该开关的层，可以单独显示和渲染。

:锁定开关，打开该开关后可以对相应的层进行锁定，防止对层产生误操作。

（2）图层属性，如图 2-55 所示。

层属性展开按钮 ▶：可展开图层有关属性、应用特效等。

层属性展开按钮　层颜色标示按钮　层编号　层名称

图 2-55　图层属性

层颜色标示按钮 ■：可设定图层在合成面板中显示的颜色以方便区分每个图层。

层编号：图层从上往下编号为1，2，3，…。

层名称：给图层一个名称。

关键帧标记：其中 ◎ 给图层属性创建关键帧或取消关键帧；◆给图层属性添加或删除关键帧；◀快速地定位到上一个关键帧；▶快速地定位到下一个关键帧。

（3）层的有关开关，如图 2-56 所示。

（层隐藏开关）：单击该按钮可以隐藏对应图层。

（塌陷开关）：当该层是合成影像时，此开关是塌陷开关，打开此开关改进影像质量并缩短预览时间；当该层是Illustrator文件时，此开关是连

塌陷　显示质　效果　帧融　运动模　调节
开关　量开关　开关　合开关　糊开关　层开关

层隐藏开关　　　　　　　　　　　　3D 图层开关

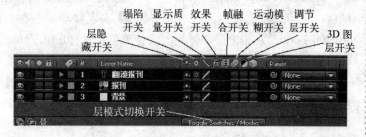

层模式切换开关

图 2-56　层有关开关

续光栅化开关，打开此开关可以改进影像质量，但是预览或渲染时间会增加。

（显示质量开关）：在粗糙和精确之间切换视频画面显示质量。

（效果开关）：这个开关只对使用了特效的层起作用，关闭特效开关后可以加快预览速度。

（帧融合开关）：打开此开关，当素材帧速率与合成影像的帧速率不符合时，会自动调整素材帧速率；当延长素材的持续播放时间时，为保证素材播放流畅，打开此开关，程序

会自动在帧之间添加过渡帧。

　　◎（运动模糊开关）：只对层的运动有关，对素材中的运动无关；打开此按钮后可以应用运动模糊技术模拟真实运动的效果。

　　◎（调节层开关）：打开了此开关后，对应的层变成为调节层，这个层的效果将会影响其下面的所有层。

　　◎（3D图层开关）：打开此开关后，2D图层将转变为3D图层，在该层上添加灯光层、投影、摄像机层。

　　`Toggle Switches / Modes`（层模式切换开关）：单击此按钮可以进行图层模式切换。

　　（4）图层基本属性。

　　单击层属性展开按钮 ▶ 即可打开图层基本属性界面如图 2-57 所示，层的基本属性包括 Anchor Point（锚点位置）、Position（位置）、Scale（缩放）、Rotation（旋转）、Opacity（不透明度）属性。

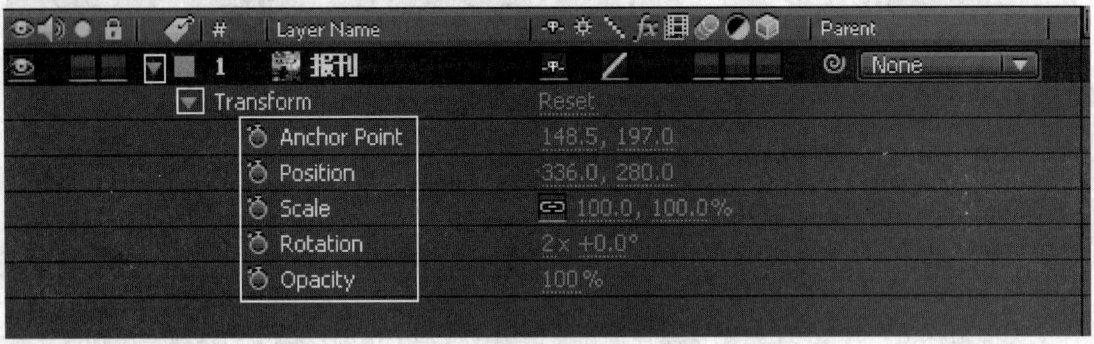

◉ ◉ ● 🔒	🖊 #	Layer Name	⊕ ⚙ ╲ ƒx 🔲 ◎ ◯ ◉	Parent
◉ ☐ ☐ ☑	☐ 1	🎬 报刊	⊕ ╱ ☐ ☐ ☐	◎ None ▼
	▼ Transform		Reset	
		⏱ Anchor Point	148.5, 197.0	
		⏱ Position	336.0, 280.0	
		⏱ Scale	🔗 100.0, 100.0%	
		⏱ Rotation	2 x +0.0°	
		⏱ Opacity	100 %	

图 2-57　图层基本属性

　　Anchor Point（锚点位置）：即轴心位置。改变轴心位置可以通过修改Anchor Point坐标值，也可通过工具栏面板中的工具 ◙ 实现移动轴心在合成影视窗口中的位置，或者选中Anchor Point，右击之，在弹出的快捷菜单中选择Edit Value即可修改其值。

　　Position（位置）：控制图层中元素在合成窗口的位置。改变素材在合成窗口中的位置可以修改Position右边的值，也可通过工具栏面板中工具 ▨ 选中元素并拖动选中的元素进行移动，或者选中Position单击右键选择Edit Value即可修改其值实现移动元素在合成窗口中的位置。

　　Scale（缩放）：控制图层中元素进行放大或缩小。其右边的 ▨ 图标表示在X、Y方向按比例进行缩放，单击其使得该图标消失后则X、Y方向可以随意放大、缩小。要对图层中元素放大或缩小，可以修改Scale右边的值，也可通过工具栏面板中工具 ▨ 选中元素并拖动元素边框周围8个控制点进行缩放，或者选中Scale右击之，在弹出的快捷菜单中选择Edit Value命令即可设定或缩小的百分比。

　　Rotation（旋转）：控制图层中的元素进行旋转角度。要对图层中的元素进行旋转可以修改Rotation右边的值，也可通过工具栏面板中旋转工具 ▨ 对合成窗口中的元素进行旋转，或者选中Rotation右击之，在弹出的快捷菜单中选择Edit Value命令即可设定旋转圈数和角度。

Opacity（不透明度）：设置图层中元素的不透明度。当值为100%时，表示元素在合成窗口中完全不透明，会盖住其正下方的其他影像画面；当值为50%时，表示元素在合成窗口时半透明，会部分显示其正下方的其他影像画面。要改变不透明度可以修改Rotation右边的值，或选中Rotation并右击之，在弹出的快捷菜单中选择Edit Value即可设定不透明度的百分比，如图2-58所示。

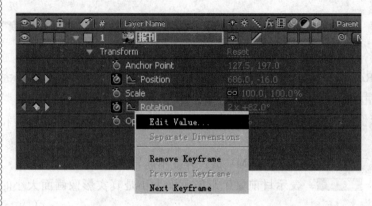

图 2-58　设定不透明度百分比

4．合成面板中各类型层

合成面板中的层按其作用和功能可以分为素材层、固态层（Solid）、文字层（Text）、灯光层（Light）、摄像机层（Camera）、空物体（Null Object）、图形层（Shape Layer）、调节层（Adjustment Layer）、合成层（Composition），如图 2-59 所示。

图 2-59　各类层

5．时间轴面板作用

（1）设置素材层的时间起止位置、素材长度、叠加方式、渲染范围、合成长度。

（2）按时间顺序组织多媒体素材，方便预览每一时刻合成视频画面的效果。

（3）创建、定义关键帧。

（4）对影视进行空间操作，如移动、缩放和定位。

▌单元小结

通过学习本单元，对合成、时间轴、图层、图层属性有了进一步认识，本单元重点介绍了位移关键帧动画、缩放关键帧动画、旋转关键帧动画、不透明关键帧动画制作方法和应用，也提及了利用多个合成制作复杂影像视频。当掌握了 AE 制作动画基本方式和技巧，使用 AE 进行影视后期制作时就会如鱼得水。在进行影视后期制作有时会使用 Photoshop 准备一些前期素材，所以一个影视作品制作往往会把 Photoshop 与 After Effects 结合在一起使用。

单元练习

一、判断

1. 层只有 Position、Scale、Rotation、Opacity 四个属性。（　　）
2. Project（项目）面板中单击 ▣ 图标即可新建一个合成。（　　）
3. 新建合成时设定了合成影像的视频画面宽度和高度之后就不能再改变视频画面的宽度和高度了。（　　）
4. Make Movie 导出影片时除了可以导出 MOV、WMV 格式外就不能导出其他格式了。（　　）
5. 在合成影像窗口中的图标 ▰50%▾ ，表示目前显示影像画面大小是真实影像画面大小的50%。（　　）
6. 新建合成快捷键是 Ctrl+N。（　　）

二、填空

1. 层的基本属性 Anchor Point、Position、Scale、Rotation、Opcaity 各自表示层的_____、_____、_____、_____、_____。
2. 时间 1:02:04:20 帧，请写出各段数字表示的时间单位，其中 1 的单位为_____、02 的单位为_____、04 的单位为_____、20 的单位为_____。
3. 导出、渲染影片快捷键是_____，修改合成设置快捷键为_____。

三、实操

1. 利用素材"树苗 .PSD"、"树林 .jpg"制作树苗在地面慢慢长高的动画效果，如 T1.wmv 效果影片所示。
2. 利用素材"门 .PSD"、"门框 .jpg"制作门绕阀门慢慢打开动画效果，具体效果请参照 T2.wmv 影片所示。
3. 根据 T3.wmv 所示小球运动动画视频效果，请用 AE 制作实现。
4. 参照效果视频，请用 AE 制作如 T4.wmv 所示动感文字效果。
5. 利用素材"足球 .wmv"，请用 AE 如 T5.wmv 所示拉镜头视频效果。
6. 利用素材"足球 .wmv"，请用 AE 如 T6.wmv 所示推镜头视频效果。
7. 利用素材制作一段小球围绕圆作圆周运动视频，效果参照 T7.wmv。
8. 根据提供的素材制作一个展示服装动画片。制作出来的动画片给人一个动感、时尚、新颖的效果，动画片播放时间不少于 10 秒。

9．故事情节动画制作，制作主题短片反映"团结就是力量"。一只蚂蚁、两只蚂蚁、三只蚂蚁都搬不动一小颗向日葵瓜子，多几只时可以稍微挪动瓜子，再多几只时可以搬动瓜子了，反映了单只蚂蚁力量是很微薄的，众多蚂蚁团结在一起时就可以把食物搬回家；具体效果自由发挥。

10．Photoshop 与 After Effects 结合应用。利用已提供素材"地图 .jpg"和使用 Photoshop 制作其他缺少的素材，再使用 After Effects 制作如效果片 T10.wmv 所示的影视片头。

11．文字动画。参照效果 T11.wmv，利用素材"亚运 .psd"制作效果视频所示的文字动画效果。

12．制作图片动画。参照效果 T12.wmv，利用素材图片堆叠的动画效果。

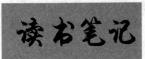

读书笔记

3

单元三　遮罩在视频中的应用

单元导读

　　Mask（遮罩）是一个用路径绘制的区域，用于修改层的Alpha通道，控制透明区域和不透明区域的范围。本单元主要介绍使用Mask（遮罩）制作基本遮罩效果及Mask（遮罩）动画。

　　After Effects用户可以通过遮罩绘制图形，控制效果范围等以达到各种富有变化的效果。当一个Mask被创建后，位于Mask范围内的区域是可以被显示的，区域范围外的通道将不可见。遮罩工具包括"矩形遮罩"■、"圆角矩形遮罩"■、"椭圆形遮罩"●、"多边形遮罩"●、"星形遮罩"★和"钢笔工具"●，如图3-1所示。

图3-1　遮罩绘制工具

技能目标

● 遮罩绘制。

● 遮罩基本属性的修改。

● 遮罩动画制作。

任务一 遮罩绘图、选定视频画面

利用遮罩绘制工具在 AE 中绘制图形或者选定视频画面中的部分镜头，结合遮罩特性以制作特定的视频效果，下面通过具体案例给予介绍。

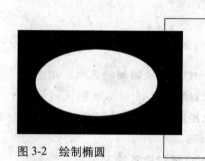

图 3-2 绘制椭圆

训练 1 利用遮罩绘制一个椭圆

——绘制图形

训练说明 利用工具栏里面的椭圆形遮罩工具绘制一个椭圆遮罩，效果如图 3-2 所示。

任务实现

01 打开 After Effects CS4。

02 新建一个项目文件。

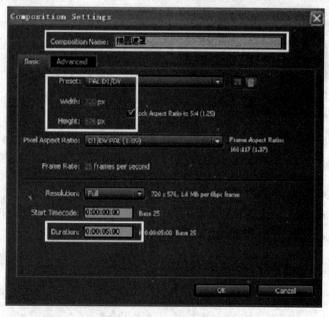

图 3-3 新建合成

03 新建一个合成。选择 Composition → New Composition 命令；设置 Composition Name（合成名称）为"椭圆遮罩"，Preset（预置格式）为 PAL D1/DV，Duration（合成时间）为 5 秒，如图 3-3 所示。

04 新建一个白色固态层（Solid）。选择 Layer → New → Solid 命令，或者在合成面板中右击，在弹出的快捷菜单中选择 New → Solid 命令，或者使用快捷键 Ctrl+Y 新建一个固态层。把固态层 Name（名字）设置为"图层 1"、Color（颜色）设置为白色，如图 3-4 所示。

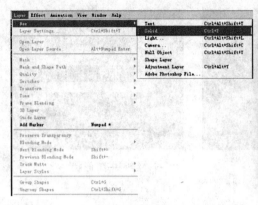 

图 3-4　新建固态层

05 按住工具箱中的"矩形遮罩工具"不放就会显示出其他选项，这里选择"椭圆形遮罩工具"然后在 Composition 合成预览窗口中拖拽，绘制出一个椭圆形 Mask，如图 3-5 所示。

06 渲染导出合成影片。选择 Composition → Make Movie 命令导出动画视频，设置导出视频格式为 QuickTime Movie（MOV），如图 3-6 所示。

 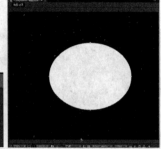

图 3-5　椭圆遮罩

图 3-6　渲染影片

07 选择 File → Save 命令保存视频工程源文件。

08 打包文件。选择 File → Collect Files 命令。

拓展训练

（1）在 AE 中利用遮罩绘制一个三角形，如图 3-7 所示。

（2）在 AE 中利用遮罩绘制一个圆形，并且边缘有羽化效果，如图 3-8 所示。

（3）在 AE 中通过钢笔工具绘制一个书架形状的遮罩，颜色为绿色，如图 3-9 所示。

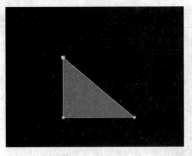

图 3-7 绘制三角形

图 3-8 绘制圆形

图 3-9 绘制书架形状

训练 2 通过遮罩截取视频部分画面

——视频画面遮罩

训练说明 利用工具栏里面的遮罩工具截取部分画面，如图 3-10 所示。

图 3-10 截取部分画面

☐ 任务实现

01 打开 After Effects CS4。

图 3-11 新建合成

02 新建一个合成。选择 Composition → New Composition 命令；设置 Composition Name（合成名称）为"遮罩截取部分画面"，合成视频画面 Width（宽）为 720px（像素）、Height（高）为 576px（像素），Frame Rate（帧率）为 25 帧 / 秒，Duration（合成视频画面时间长度）为 5 秒，如图 3-11 所示。

03 导入一张图片素材。选择 File → Emport → File 命令，或者使用快捷键 Ctrl+I 导入文件，如图 3-12 所示。

04 选择调入的素材，将其拖拽到时间线上。

05 选择工具箱中的"钢笔工具"，然后在 Composition（合成）预览面板中用鼠标绘制出手表的轮廓 Mask，如图 3-13 所示。

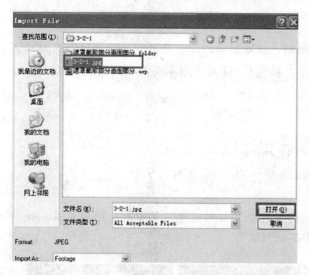

图 3-12　导入文件

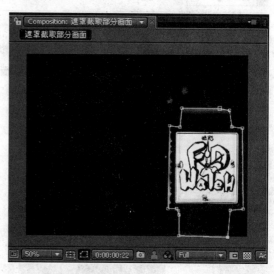

图 3-13　钢笔遮罩

06 渲染导出合成影片。选择 Composition → Make Movie 命令导出动画视频，设置导出视频格式为 QuickTime Movie(MOV)，如图 3-14 所示。

图 3-14　渲染影片

07 选择 File → Save 命令，保存视频工程源文件。

08 打包文件。选择 File → Collect Files 命令。

拓展训练

通过遮罩工具给视频做一个上下黑屏遮罩，如图 3-15 所示。

图 3-15　黑屏遮罩

> **知识点拨**
>
> 钢笔工具能给图层素材添加任意的 Mask 遮罩。
>
> 任意遮罩工具做出来的遮罩也能改变其形状。

任务二 遮罩动画

运用遮罩制作的动画，遮罩层中的内容在动，被遮罩层中的内容保持静止；利用遮罩技术、特性在 AE 中制作特定的动画效果。下面通过具体案例给予介绍。

训练 3 制作望远镜效果
——遮罩移动动画

■ **训练说明** 利用工具栏里面的遮罩工具制作望远镜效果，如图 3-16 所示。

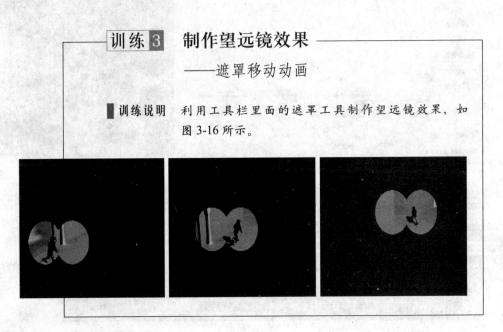

图 3-16 效果图

任务实现

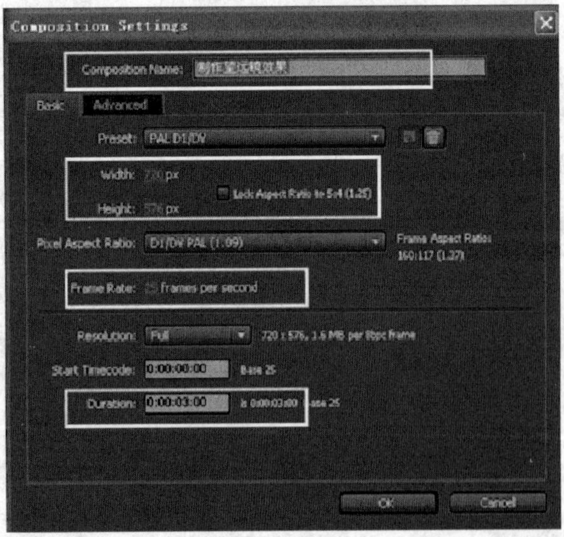

01 打开 After Effects CS4。

02 新建一个项目文件。

03 新建一个合成。选择 Composition → New Composition 命令；设置 Composition Name（合成名称）为"望远镜制作"，合成视频画面 Width（宽）为 720px（像素）、Height（高）为 576px（像素），Frame Rate（帧率）为 25 帧 / 秒，Duration（合成视频画面时间长度）为 3 秒，如图 3-17 所示。

图 3-17 新建合成

04 选择 File → Emport → File 命令，导入素材，然后把项目窗口
中刚调入的素材拖拽到时间线上，如图 3-18 所示。

图 3-18　导入素材

05 按住工具箱中的"矩形遮罩工具"不放就会
显示出其他选项，这里选择"椭圆形遮罩工具"然后在
Composition（合成）预览面板中拖拽的同时按住 Shift 键，
绘制出一个正圆形 Mask，如图 3-19 所示。

06 为了使两个镜筒大小一致，选择时间线上的素
材文件展开素材的 Mask 属性，选择 Mask1（按 Ctrl+D
组合键）复制，得到 Mask2，如图 3-20 所示。

07 用选择工具选择 Mask2 然后在 Composition（合
成）预览面板中选择 Mask2 其中一个 Mask 点，再按住
Shift 键，并组合方向键移动 Mask2 至如图 3-21 所示位置。

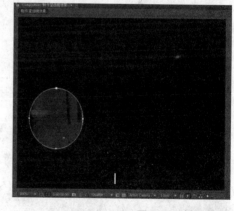

图 3-19　椭圆遮罩

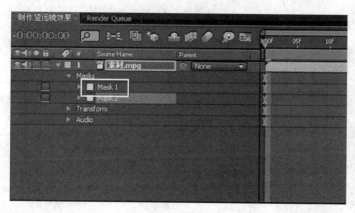

图 3-20　复制 Mask

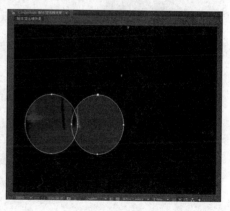

图 3-21　移动 Mask

08 把时间轴移到 18 帧，继续展开 Mask1、Mask2 属性，在 18 帧处分别给 Mask1、Mask2 的 Mask Path 创建关键帧，如图 3-22 所示。

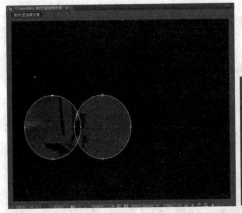
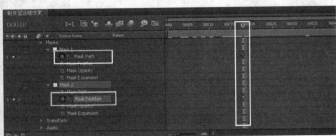

图 3-22　给 Mask Path 创建属性

09 移动时间轴到 60 帧处，选择 Mask1、Mask2，如图 3-23 所示。然后选择 Mask1 或 Mask2 的任意一个 Mask 点移动到如图 3-24 中所示的位置。

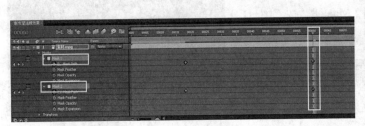

图 3-23　定动画关键帧

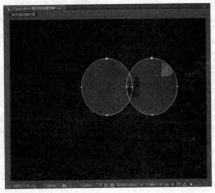

图 3-24　Mask 移动

10 按数字键盘上的"0"键进行预览，并适当调整 Mask 关键帧位置。

11 渲染导出合成影片。选择 Composition → Make Movie 命令导出动画视频，设置导出视频格式为 QuickTime Movie（MOV），如图 3-25 所示。

12 打包文件。选择 File → Collect Files 命令。

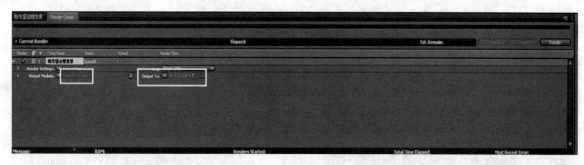

图 3-25　渲染影片

知识点拨

Mask Path用于控制Mask点位置的移动，通过给Mask Path定关键帧，可以对Mask点进行任意形变和位置移动。

拓展训练

用椭圆遮罩工具制作一个由远处移动到镜前发光拖尾的小球，如图 3-26 所示。

图 3-26　用遮罩制作移动小球

训练 4　制作遮罩动画

——遮罩变形动画

训练说明　利用工具栏里面的遮罩工具制作文字遮罩动画，如图 3-27 所示。

图 3-27　制作遮罩动画

□ **任务实现**

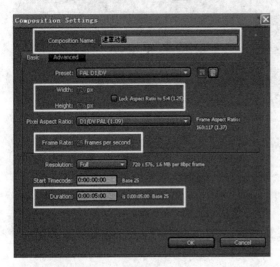

图3-28　新建合成

01 打开 After Effects CS4。

02 新建一个项目文件。

03 新建一个合成。选择 Composition → New Composition 命令；设置 Composition Name（合成名称）为"遮罩动画"，合成视频画面 Width（宽）为720px（像素）、Height（高）为576px（像素），Frame Rate（帧率）为25帧/秒，Duration（合成视频画面时间长度）为5秒，如图3-28所示。

04 在工具栏中选择"文字工具"，然后在 Composition（合成）影像窗口中单击就会出现输入文字的提示光标，在时间轴面板中会自动生成一个文字图层，如图3-29所示。

05 在光标处输入需要的文字，如图3-30所示。

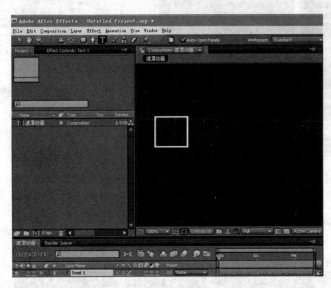

图3-29　参数设置

图3-30　效果图

06 在工具栏中选择"矩形遮罩工具"为文字绘制两个 Mask，如图3-31所示。

07 将时间轴移动到0秒位置，选中图层并展开 Mask 的属性，分别单击 Mask1 和 Mask2 的 Mask Path 属性左边的码表添加关键帧，如图3-32所示。

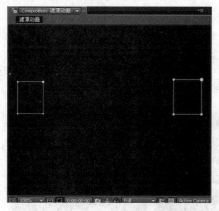

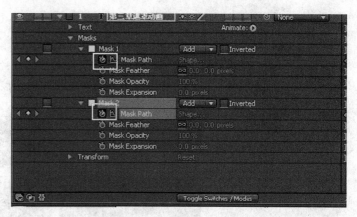

图 3-31　添加矩形遮罩　　　　　　　　　　　图 3-32　定 Mask 动画关键帧

08 接着把时间轴移动到 15 帧位置，分别选择 Mask1 和 Mask2 拖动到如图 3-33 所示位置。

09 为了将文字完全显示出来，还得为 Mask Path 设置第 3 个关键帧。将时间轴移动到 1 秒处，再将两个 Mask 拖动到如图 3-34 所示的位置。

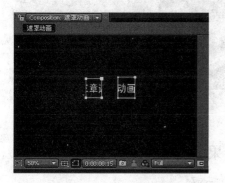

图 3-33　移动 Mask　　　　　　　　　　　　图 3-34　移动 Mask

> **知识点拨**
>
> 以文字作为背景。
>
> 分别给 Mask 点添加多个关键帧，移动 Mask 点可以使文字产生动画效果。

10 选择 File → Save 命令，保存视频源文件。

11 渲染导出合成影片。选择 Composition → Make Movie 命令导出动画视频，设置导出视频格式为 QuickTime Movie(MOV)，如图 3-35 所示。

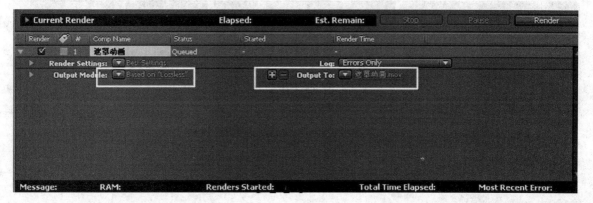

图 3-35　渲染影片

12 打包文件。选择 File → Collect Files 命令。

□ 拓展训练

（1）制作由四边形变成三角形遮罩动画，如图 3-36 所示。

图 3-36　由四边形变成三角形的遮罩动画

（2）制作光扫文字效果，如图 3-37 所示。

图 3-37　光扫文字效果图

训练 5　海上日出效果

——遮罩移动动画

■ **训练说明**　结合 Photoshop 软件，利用工具栏里面的遮罩工具制作出一个海上日出效果，动画部分视频镜头如图 3-38 所示，并将完成的动画视频导出为 MOV 视频格式。

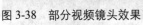

图 3-38　部分视频镜头效果

任务实现

01 打开 After Effects CS4。

02 新建一个项目文件。

03 导入素材"海上日出素材 .PSD"。选择 File → Import → File Import 命令，如图 3-39 所示。

04 在 Import Kind 中选择素材，把"海上日出效果 .PSD"作为一个合成文件调入，如图 3-40 所示。

图 3-39 导入素材   图 3-40 设置素材属性

05 选择项目窗口的"海上日出效果"合成文件，执行 Composition → Composition Settings 命令，如图 3-41 所示。

06 修改 Composition Settings（合成设置），设置 Composition Name（合成名称）为"海上日出效果"，Preset（预置格式）选择 PAL D1/DV PAL，Pixel Aspect Ratio 选择 D1/DV PAL（1.09），Duration（合成视频画面时间长度）为 5 秒，如图 3-42 所示。

图 3-41 修改合成设置   图 3-42 修改合成设置

> **小贴士**
>
> 修改已建好的固态层颜色按 Ctrl+Shift+Y 组合键。

07 选择项目窗口的"海上日出效果"合成文件双击打开。

08 新建一个黄色固态层（Solid）。执行 Layer → New → Solid 命令，或者在合成面板单中右击在弹出的快捷菜单中选择 New → Solid 命令，或者使用快捷键 Ctrl+Y 新建一个固态层，如图 3-43 所示。

09 用鼠标按住工具箱中的"矩形遮罩工具"不放就会显示出其他选项，这里选择"椭圆形遮罩工具"然后在 Composition（合成）预览面板中拖拽的同时按住 Shift 键，绘制出一个正圆形 Mask，如图 3-44 所示。

图 3-43　新建固态层

图 3-44　新建 Mask 遮罩

10 在时间面板中选择"太阳"图层，把"太阳"图层拖到"水"图层的下面，如图 3-45 所示。

图 3-45　移动图层

11 选择"太阳"图层复制（用快捷键 Ctrl+D），将复制的"太阳"图层改名为"太阳 2"。展开"太阳 2"图层 Mask1 属性，在时间轴 0 秒处为 Mask Path 创建关键帧，如图 3-46 和图 3-47 所示。

图 3-46 复制图层

图 3-47 移动 Mask

12 把时间轴移到第 5 秒处，选择 Mask1，用选择工具在预览面板中选择 Mask 上任意一点向上移动，如图 3-48 和图 3-49 所示。

图 3-48 定 Mask 关键帧

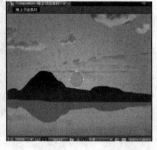
图 3-49 移动 Mask

13 选择"太阳 2"图层，执行 Effects → Stylife → glow 命令，给"太阳 2"添加一个辉光效果。调整 Glow 的参数，如图 3-50 和图 3-51 所示。

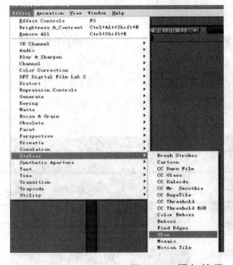
图 3-50 添加效果

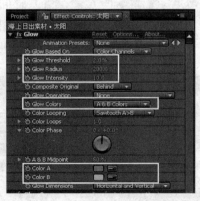
图 3-51 修改效果参数

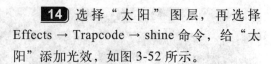

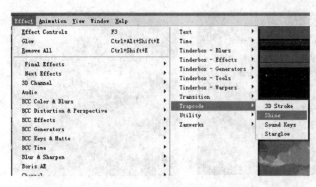

图 3-52　添加效果

14 选择"太阳"图层，再选择 Effects → Trapcode → shine 命令，给"太阳"添加光效，如图 3-52 所示。

15 添加 Shine 光效的动画效果。时间轴处第 0 秒时，Source Point 值为 350.0，333.0 Ray Length 值 为 0，Boost Light 值为 0，并相应打上关键帧，如图 3-53 所示。时间轴处第 5 秒时 Source Point 值为 353.0，306.0，Ray Length 值为 20，Boost Light 值为 2，如图 3-54 所示。

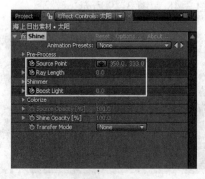

图 3-53　定动画效果关键帧

图 3-54　修改效果参数

图 3-55　复制图层

16 选择"太阳 2"图层复制（Ctrl+D），将复制的"太阳 2"图层改名为"太阳 3"将"太阳 3"图层上移到云图层的上面一层，如图 3-55 所示。

17 展开"太阳 3"图层 Mask1 属性，时间轴 0 秒处给 Mask Path 创建关键帧，如图 3-56 所示，并将"太阳 3"移到如图 3-57 所示位置。

图 3-56　定 Mask 动画关键帧

图 3-57　移动 Mask

18 把时间轴移到第 5 秒处，选择"太阳 3"图层 Mask1，用选择工具在预览面板中选择 Mask 上任意一点向下移动，做出太阳的倒影效果，如图 3-58 和图 3-59 所示。

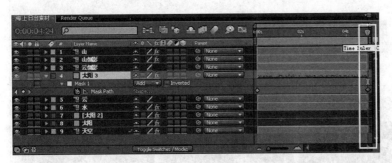

图 3-58　定 Mask 动画关键帧　　图 3-59　移动 Mask

19 选择 File → Save 命令保存视频工程源文件。

20 渲染导出合成影片。选择 Composition → Make Movie 命令导出动画视频，设置导出视频格式为 QuickTime Movie(MOV)，如图 3-60 所示。

21 打包文件。选择 File → Collect Files 命令。

图 3-60　渲染影片

拓展训练

用 3-5 的素材制作一个晚上月亮落山的效果，如图 3-61 所示。

图 3-61　月亮落山

训练 **6** 给字幕添加下划线

——遮罩线条动画

训练说明 用钢笔工具在固态层上绘制一条 Mask 直线，结合 Effect（效果）、Generate（生成）和 Stroke 描边效果，给两行文字添加下划线，如图 3-62 所示。

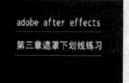

图 3-62 给字幕添加下划线截屏

任务实现

01 打开 After Effects CS4。

02 新建一个项目文件。

03 新建一个合成。选择 Composition → New Composition 命令；设置 Composition Name（合成名称）为"下划线"，Preset（预置格式）选择 PAL D1/DV PAL，Pixel Aspect Ratio 选择 D1/DV PAL（1.09），Duration（合成视频画面时间长度）为 5 秒，单击 OK 按钮，如图 3-63 所示。

04 选择工具栏的文字工具，单击合成窗口输入文字，如图 3-64 所示。

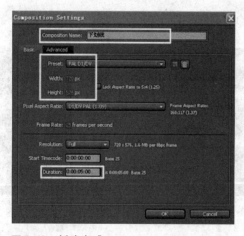

图 3-63 新建合成

图 3-64 输入文字

05 新建一个红色固态层（Solid）。选择 Layer → New → Solid 命令，或者在合成面板中右击在弹出的快捷菜单中选择 New → Solid 命令，或者使用快捷键 Ctrl+Y 新建一个固态层，如图 3-65 所示。

06 选择"钢笔工具"在新建的固态层上画一条直线，如图 3-66 所示。

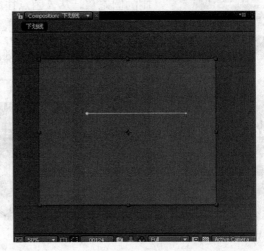

图 3-65　新建固态层　　　　　　　　图 3-66　绘制 Mask 线

07 在时间面板选中固态层，选择 Effect → Generate → Stroke 命令进行描边，如图 3-67 和图 3-68 所示。

图 3-67　执行命令　　　　　　　　　图 3-68　添加效果

图 3-69　修改效果餐宿

08 设置 Stroke 下划线动画效果，把时间轴移到 0 秒处将 End 创建关键帧，End 值为 0%，Paint Style 选择 On Transparent。然后将时间轴移到 2 秒处，End 值为 100%，如图 3-69 和图 3-70 所示。

09 在时间面板中选择固态层按快捷键 Ctrl+D 复制，将复制的固态层，从入画点往后移至 2 秒处，如图 3-71 所示。

10 展开固态层的 Mask 属性，选择 Mask，用选择工具在合成窗口中将 Mask 下划线移到第二排文字下方，如图 3-72 和图 3-73 所示。

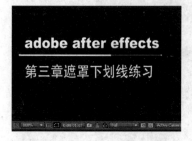

图 3-70　效果

图 3-71　复制图层

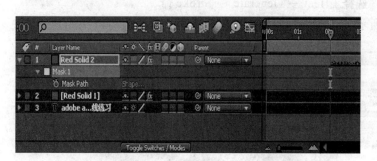

图 3-72　移动 Mask

图 3-73　移动 Mask

11 用数字键盘上的"0"键预演并修改。

12 选择 File → Save 命令保存视频工程源文件。

13 渲染导出合成影片。选择 Composition → Make Movie 命令导出动画视频，设置导出视频格式为 QuickTime Movie(MOV)，如图 3-74 所示。

14 打包文件。选择 File → Collect Files 命令。

图 3-74 渲染影片

拓展训练

（1）制作一个流动的光，如图 3-75 所示。

（2）制作一个让文字沿 Mask 路径移动的文字动画效果，如图 3-76 所示。

图 3-75 流动的光效果

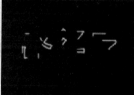

图 3-76 文字动画效果

知识链接　遮罩的制作与设置

1. 矩形遮罩工具

用鼠标选择工具箱中的"矩形遮罩工具"，然后在 Composition 预览面板中按住鼠标不放，通过拖拽就可以绘制出一个矩形 Mask。如图 3-77 和图 3-78 所示。

不管用哪种工具创建蒙版形状，都可以从创建的形状上发现小的方形控制点，这些方形控制点就是节点。选中状态的节点小方块将呈现实心方形，而没有选择的节点为空心的方形效果。选择节点有以下两种方法。

方法一：单击。使用 Selection Tool ▶（选择工具）即实心鼠标箭头，在节点位置单击，即可选择一个节点。如果想选择多个节点，可以按住 Shift 键，同时分别单击要选择的节点即可。

图 3-77 矩形遮罩工具

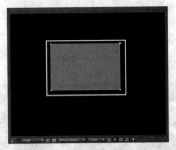

图 3-78 绘制矩形遮罩

图 3-79 钢笔工具

方法二：当Mask遮罩处于选择状态时，用Selection Tool（选择工具）使用拖动框。在合成窗口中，单击并拖动，将出现一个矩形选框，被矩形选框框住的节点将被选择。

2. 钢笔工具

鼠标移到工具栏钢笔工具图标上，按下左键不放可以展开钢笔工具被隐藏的其他工具，如图 3-79 所示，利用钢笔工具进行 Mask 绘制跟调节是一项必须掌握的基本功。在工具栏中选择 Pen Tool（钢笔工具），鼠标指针将变成钢笔形状，然后在 Composition 预览窗口任意位置单击可以绘制出 mask 遮罩，如图 3-80 所示。

选择 Add vertex tool 添加节点工具，可以在已画好的 Mask 线上任意添加新的节点，通过添加该节点，可以改变现有轮廓的形状，如图 3-81 所示。也可以用 Delete Add vertex tool 删除节点工具，删除已经存在的节点，如图 3-82 所示。选择 Convert Vertex Tool 转换节点工具，可以将 Mask 角点和曲线点进行快速转换，如图 3-83 所示。

图 3-80 遮罩节点

图 3-81 添加节点

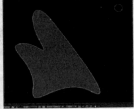

图 3-82 删除 Mask 节点

图 3-83 转换 Mask 角点和曲线

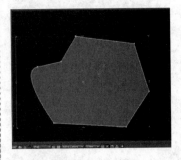

图 3-84 调整 Mask 遮罩

3. Mask 的大小、旋转和移动

调整 Mask 的大小、旋转变换和位移，双击 Mask 线上的任意一个地方，就会出现如图 3-84 所示的控制整个 Mask 的一个控制框，通过这个控制框可以调整 Mask 的大小、旋转和移动 Mask。如果要对控制框进行取消，只需双击控制框，也可以按 Esc 键或者回车键来取消选择。

将鼠标移动到控制框的控制点上，选择任意一点，再拖拽就可以对 Mask 进行放大缩小控制，如图 3-85 所示。在拖拽的同时按住 Shift 键可以按照 Mask 等比例缩放，如图 3-86 所示。

如果要移动控制框，则直接单击控制框内部的任意一个地方进行拖拽。也可以用键盘上的方向键来移动，如图 3-87 所示。如果要旋转控制框，将鼠标移动到控制框边上，当鼠标形状变成旋转工具形状，就可以旋转 Mask，如图 3-88 所示。

图 3-85　缩放 Mask　图 3-86　等比缩放 Mask　　　图 3-87　移动 Mask　　　图 3-88　旋转 Mask

4．Mask 的属性

绘制 Mask 后，所在层的属性中就会多一项 Mask 属性，通过对这些属性的设置可以精确地控制 Mask，如图 3-89 和图 3-90 所示。

图 3-89　Mask 属性

图 3-90　Mask 属性

Mask 名称右侧的　Add　遮罩混合模式图标会弹出下拉菜单，从中可以选择不同的 Mask 混合模式，如图 3-91 和图 3-92 所示。

（1）None模式：指Mask没有添加任何混合模式。

（2）Add模式：默认情况下，Mask使用的是Add（添加）命令，如果有两个Mask叠加在一起时，将添加控制范围，如图3-93所示。

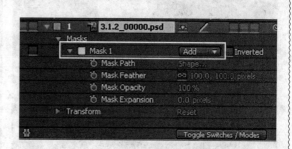

图 3-91　Mask 属性

（3）Subtract模式：指Mask单独存在的时候，可以显示出遮罩区域以外的外部区域，如图3-94所示。如果两个Mask叠加在一起时，Mask1选择Subtract模式，Mask2选择Add，就会取出遮罩的重叠部分，如图3-95所示。如果Mask1、Mask2同时选择Subtract时，就会只留下遮罩区域以外的部分，如图3-96所示。

图 3-92　混合模式

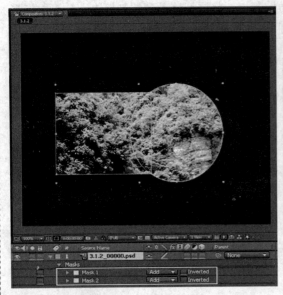

图 3-93 混合模式 1

图 3-94 混合模式 2

图 3-95 混合模式 3

图 3-96 混合模式 4

（4）Intersect模式：指Mask叠加在一起时，只保留相交的部分，如图3-97所示。

（5）Lighten模式：指Mask叠加在一起时，相交区域加亮控制范围。在应用Lighten模式的时候，一定要调整其他选项的值。在Mask2上将Mask Opacity的值设定为50%，将Mask1的Opacity值设置为100%，如图3-98所示。在调整了Mask Opacity的值以后，再将Mask2的模式设为Lighten，如图3-99所示。

（6）Darken模式：指Mask叠加在一起时，相交区域减暗控制范围跟Lighten相反。

（7）Difference模式：指两个Mask叠加在一起时，只显示出重叠部分以外的区域。而重叠部分显示不出来，如图3-100所示。

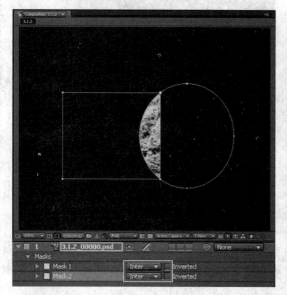

图 3-97　混合模式 5

图 3-98　混合模式 6

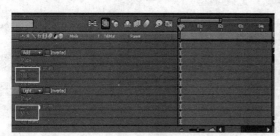

图 3-99　混合模式设置

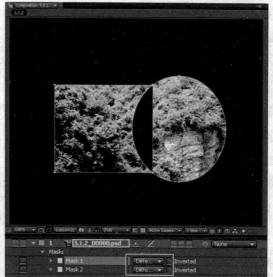

图 3-100　混合模式 8

（8）Mask Path：是控制Mask外形，可以通过对Mask的每个控制点设置关键帧。

（9）Mask Feather：是控制Mask范围的羽化，通过修改Feather值可以改变Mask控制范围内外之间的过渡，如图3-101和图3-102所示。

图 3-101 Mask 羽化属性

图 3-102 Mask 羽化效果

（10）Mask Opacity：是用来控制Mask范围的透明度。

（11）Mask Expansion：是控制Mask的扩张范围，在不移动Mask的情况下，扩张Mask范围。

■ 单元小结

本单元主要讲解了遮罩的添加方式、遮罩的参数设置、动画设置。相对来说并不难学，关键是如何将遮罩运用得合理又巧妙，如何结合其他单元的内容制作出更复杂绚丽的效果。遮罩是制作时经常用到的编辑手段，希望在平时多加练习以便熟练掌握及运用。

单 元 练 习

一、判断

1．只有工具栏里的钢笔工具才能绘制不规则 Mask 遮罩。　　　　　　　　（　　）

2．在 Mask Path 给 Mask 做动画的时候同文件属性里面的 Position 位置移动完全一样。（　　）

3．所有图片、文字图层都能加上 Mask 遮罩，而视频文件不能加 Mask 遮罩。　（　　）

4．修改 Mask 遮罩图层的透明度只能在 Mask 属性下面修改。　　　　　　　（　　）

二、填空

1．如果图层添加了 Mask，那 Mask 属性里分别有_____、_____、_____、_____、_____设置。

2．工具栏中遮罩的工具包括_____、_____、_____、_____。

3．同一图层有两个 Mask 时，其默认的叠加方式是_____。

三、实操

1．一般视频回忆的场景处理方法是把视频边缘用遮罩做一个视频画面虚边效果，请参考相关特技处理方法理解并做出来。

2．任意输入几个文字。把文字转换成 Mask 遮罩，添加动画描边效果。

3．用遮罩制作一个爬行小虫的动画。

4．试着用遮罩制作一个地图的导航线。

4

单元四 | 影视特效的应用

单元导读

　　After Effects 是强大的影视后期合成软件。这里所说的合成是将图片、视频、动画、文字、声音等多种媒体素材组合成可以播放的影像视频。在合成影像视频过程中将会大量使用特效，给素材添加特效以达到绚丽的视频效果，特效是 AE 的核心功能。

技能目标

- 理解什么是特效。
- 常见特效、特效功用。
- 多个特效组合在一起使用。
- 特效面板使用、特效参数设置。
- 强大外挂滤镜（插件）功能。
- 能够灵活使用特效制作多彩影视效果。

任务一 AE 内置特效的应用

图 4-1 特效菜单

特效也称为滤镜或者效果，AE 里面有各种各样的特效，可以利用这些特效使视频变得更加丰富多彩，更加生动，现在很多的电影视频都是加入各种各样的特效使得它更加有吸引力，提高影片的艺术欣赏价值。After Effects 具有强大的影视特效功能，图 4-1 所示为 AE 提供的特效菜单项。

训练 1 活动电脑屏幕
——视频画面边角变形

训练说明 本训练完成视频边角变形效果的制作，通过边角定位特效对视频画面的四个角的位置进行调整，从而适当改变了视频画面的形状，使得视频画面形状与电脑屏幕形状匹配，如图 4-2 所示。

图 4-2 画面边角变形效果

任务实现

01 打开 After Effects CS4。

02 新建一个项目文件。

03 导入素材文件，如图 4-3 所示。

图 4-3 导入素材文件

04 选中素材文件"电脑.JPG"拖动到图标 ▣ 上，新建一个合成，如图 4-4 所示。

05 然后把光盘中的素材"足球赛.wmv"拖到合成面板上，并调整它在合成面板中图层的上下位置，如图 4-5 所示。

图 4-4 新建一个合成

图 4-5 拖入素材到合成

06 选中工具栏中的工具 ，通过这个工具调整“足球赛.wmv”在视频合成窗口中的大小和位置，如图 4-6 所示。

07 选中“足球赛.wmv”图层，添加 Effect（特效）、Distort（扭曲）和 Corner Pin（边角定位），然后再修改 Corner Pin 特效，并使用鼠标对视频画面中的 4 个角进行调整，如图 4-7 所示。

08 预览效果，导出影片。

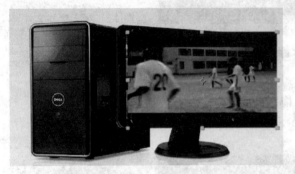

图 4-6 调整视频画面大小和位置

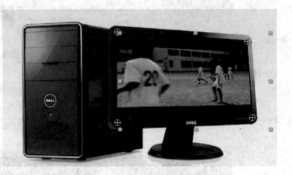

图 4-7 最终效果

知识点拨

通过运用 Corner Pin特效实现视频画面的形状变形效果。

拓展训练

参照样片制作视频画面变形的效果。

训练 2 球面文字动画

——字体变形效果

训练说明 本训练完成球面文字动画的制作，通过 Bulge 特效增加文字凸起（球面）效果，如图 4-8 所示。

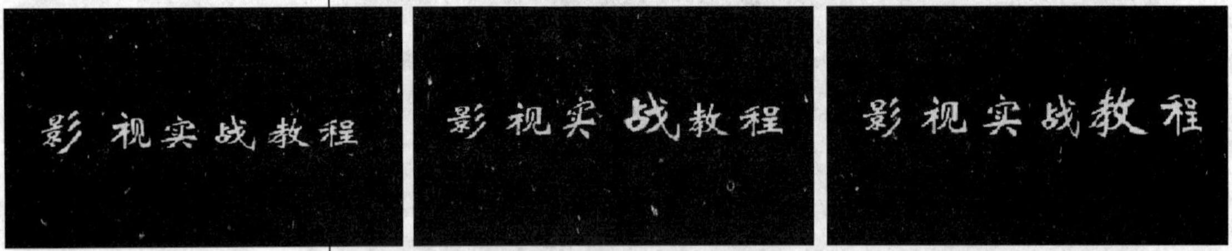

图 4-8 球面字体效果

任务实现

01 打开 After Effects CS4。

02 新建一个项目文件。

03 按 Ctrl+N 组合键，弹出 Composition Settings 对话框，在 Composition Name 文本框中输入"球面文字"，其他选项的设置如图 4-9 所示，单击 OK 按钮，即可创建一个新的合成。

04 选择工具栏中的文本工具，在合成预览窗口中输入文字"影视实战教程"，字体为华文新魏，颜色为白色，大小为 80，如图 4-10 所示。

05 选择文本图层，然后选择"Effect → distort → Bulge"命令，添加文字凸起（球面）效果，如图 4-11 所示。

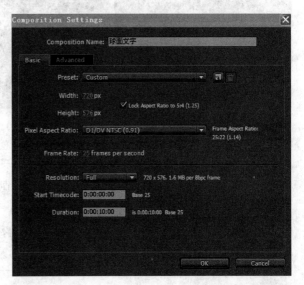

图 4-9　新建合成

图 4-10　输入文本

图 4-11　插入 bulge 特效

图 4-12　参数设置

06 打开 Effect Controls 窗口，设置文字凸起动画，如图 4-12 所示。

07 将时间标尺移动到 0 秒位置，然后单击 Effect Controls 窗口中 Bulge 的 Bulge Center 关键帧标志，设置参数为（23，302），在这里我们只改变了 X 轴方向的坐标。然后将时间标尺移动到 3 秒位置，设置 Center Point 参数为（711，318），这样就生成了一个文字从左侧依次向右侧凸起变化的动画，如图 4-13 所示。

08 预览效果，导出影片。

小贴士

可通过 Bulge 特效添加文字凸起（球面）效果。

图 4-13 最终效果

拓展训练

参照光盘中的样片制作视频文字球面变形过渡的效果。

训练 3 数字流星效果
——字体粒子效果

训练说明 本训练利用 Particle Playground 粒子效果制作数字下雨的动画，如图 4-14 所示。

图 4-14 数字流星视频截图

任务实现

01 打开 After Effects CS4。

02 新建一个项目文件。

03 按 Ctrl+N 组合键，弹出 Composition Settings 对话框，在 Composition Name 文本框中输入"数字流星"，其他选项的设置如图 4-15 所示，单击 OK 按钮，即可创建一个新的合成。

04 按 Ctrl+Y 组合键，新建固态层，名字为"数字"，背景颜色为黑色，如图 4-16 所示。

图 4-15　新建合成

图 4-16　新建固态层

05　选择"Effect → Simulation → Particle Playground"命令，打开特效面板，如图 4-17 所示。

06　设置 Particle Playground 特效参数，展开 Connon 选项组，Position（粒子发射源的位置）设为（340，20）；设置 Barrel radius（粒子的活动半径）为 280，设置 Direction（发射方向）为 180 度，设置 Velocity（发射速度）为 40，设置 Particle Radius（颗粒大小）为 30，展开 Gravity，设置 Force（重力大小）为 700，设置界面如图 4-18 所示，效果如图 4-19 所示。

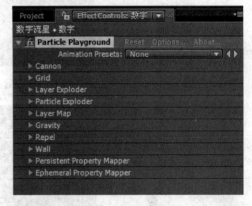

图 4-17　Particle Playground 特效设置面板

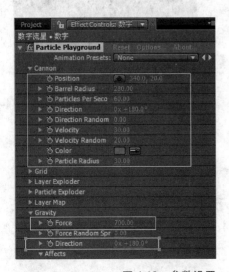

图 4-18　参数设置

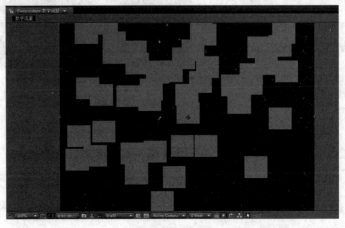

图 4-19　效果图

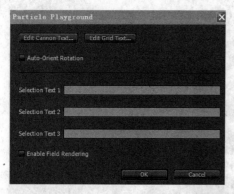

图 4-20　选项对话框

07 单击 Particle Playground 特效设置面板上方的 options 按钮，弹出如图 4-20 所示的对话框。

08 单击 Edit Cannon Text 按钮，如图 4-21 所示，然后在文字输入区里面输入任意的数字和字母，效果如图 4-22 所示。

09 选中数字固态层，然后选择 Effect → Stylize → Glow 命令，设置参数如图 4-23 所示，效果如图 4-24 所示。

10 预览效果，导出影片。

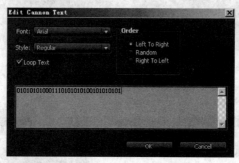

图 4-21　参数设置

图 4-22　效果图

小贴士

Particle Playground 粒子效果主要用于物体间的相互作用，利用它还可以做出其他的如喷泉、雪花等效果。

图 4-23　设置参数

图 4-24　效果图

拓展训练

参照样片制作文字爆炸效果。

训练 4　透过窗户之景

——颜色抠像

■训练说明　利用 Keying 特效抠像，制作如图 4-25 所示效果。

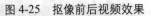
图 4-25　抠像前后视频效果

■任务实现

01 打开 After Effects CS4。

02 新建一个项目文件，从配书光盘 \ 单元四 \ 训练 4 中导入素材"课室 .wmv"，如图 4-26 所示。

03 拖动"课室 .wmv"素材至图标 上以新建一个合成，如图 4-27 所示。

04 将素材"窗 .jpg"拖动到合成面板上，调整其在合成窗口中的大小，如图 4-28 所示。

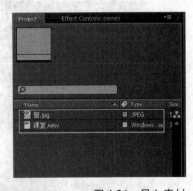
图 4-26　导入素材

图 4-27　新建合成

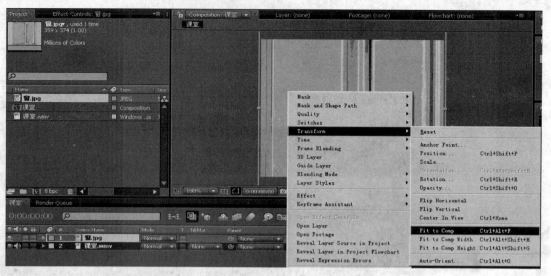

图 4-28　调整“窗 .jpg”在合成窗口中大小

05 选中图层“窗 .jpg”，添加 Effect（特效）→ Keying（键）→ Color Key（颜色键），然后设定 Color Key 特效的参数，如图 4-29 所示。

06 预览效果，导出影片，如图 4-30 所示。

图 4-29　使用 Color Key 特效

图 4-30　最终效果

小贴士

对于一些简单的抠像只使用一个特效就可以实现。

拓展训练

参照样片制作颜色抠像效果。

训练 5　马赛克效果
——Mosaic 特效

训练说明　使用 Mosaic 特效制作马赛克效果，如图 4-31 所示。

图 4-31　局部马赛克效果

任务实现

01　打开 After Effects CS4。

02　新建一个项目文件，从配书光盘＼单元四＼训练 5 中导入素材"公开课 .wmv"，如图 4-32 所示。

03　拖动"公开课 .wmv"素材至图标 🖼 上以新建一个合成，如图 4-33 所示。

04　在合成面板中，用鼠标选中"图层 1"，然后按快捷键 Ctrl+D 或者选择 Edit → Duplicate 命令，复制"图层 1"生成新的一个图层，如图 4-34 所示。

图 4-32　导入素材

图 4-33　新建合成

图 4-34　生成新的一个图层

05 选中"图层 1",给图层 1 添加视频特效 Effect(特效)→ Stylize(风格化)→ Mosaic(马赛克),如图 4-35 所示。

图 4-35　添加马赛克效果

06 单击工具栏中的 Ellipse Tool（椭圆工具） 绘制一个 Mask，通过 Mask 选中要进行马赛克部分的视频画面，如图 4-36 所示。

图 4-36　Mask 遮罩

07 设置 Mosaic 特效 Horizontal Blocks 与 Vertical Blocks 方块数值为 15，这个数值越大马赛克方格则越小；在时间轴上 0:00:00:22 处给 Mask Path 创建第一关键帧，如图 4-37 所示。

图 4-37　Mask Path 第一关键帧

08 将时间线移动到时间轴 0:00:02:00，插入第二关键帧，调整 Mask 的形状与位置，使得脸部被盖住，如图 4-38 所示。

图 4-38　Mask Path 第二关键帧

09 预览效果，导出影片。

拓展训练

参照光盘中样片制作抠像效果。

训练 6　水墨画效果
——改变画面色彩

■ **训练说明**　使用滤镜特效 Find Edge、Hue/Saturation、Level、Gaussian Blur 命令制作水墨画效果，如图 4-39 所示。

图 4-39　水墨画效果

任务实现

01 打开 After Effects CS4。

02 新建一个项目文件。

03 按 Ctrl+N 组合键，弹出 Composition Settings 对话框，在 Composition Name 文本框中输入"水墨效果"，其他选项的设置如图 4-40 所示，单击 OK 按钮，即可创建一个新的合成。

04 从配书光盘 \ 单元四 \ 任务一 \ 训练 6 中导入图片素材"1.jpg"到工程库中，把"1.jpg"图片拖入到时间轴上，如图 4-41 所示。

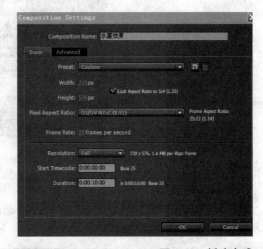

图 4-40　新建合成

图 4-41　导入素材

05 选择"1.jpg"图层，选择 Effect → Stylize → Find Edges 命令，在 Effect Controls 面板中进行参数设置，如图 4-42 所示，效果如图 4-43 所示。

06 然后再选择 Effect → Color Correction → Hue/Saturation 命令，在 Effect Controls 面板中进行参数设置，如图 4-44 所示，效果如图 4-45 所示。

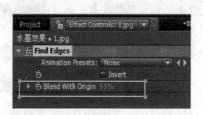

图 4-42　参数设置

图 4-43　效果图

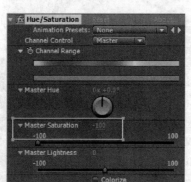

图 4-44　参数设置

图 4-45　效果图

07 选择 Effect → Color Correction → Curves 命令，在 Effect Controls 面板中进行参数设置，如图 4-46 所示，效果如图 4-47 所示。

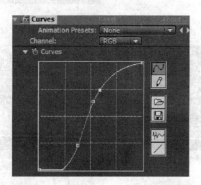

图 4-46　参数设置

图 4-47　效果图

08 选择 Effect → Blur & Sharpen → Gaussian Blur 命令，在 Effect Controls 面板中进行参数设置，如图 4-48 所示，效果如图 4-49 所示。

图 4-48 参数设置

09 预览效果，导出影片。

图 4-49 效果图

小贴士

可以修改滤镜特效 Find Edge、Hue/Saturation、Level、Gaussian Blur 里面的参数而获得其他更好的效果。

拓展训练

参照样片制作水墨效果。

训练 7 制作下雪效果

——CCsnow 特效的使用

训练说明 本训练通过 CCsnow 特效制作下雪效果，如图 4-50 所示。

图 4-50 下雪效果

任务实现

01 打开 After Effects CS4。

02 新建一个项目文件。

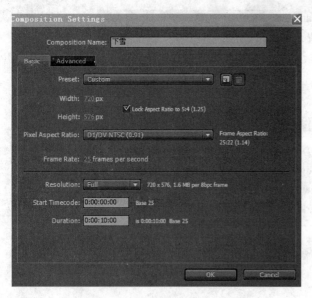

图 4-51 新建合成

03 按 Ctrl+N 组合键，弹出 Composition Settings 对话框，在 Composition Name 选项的文本框中输入"下雪"，其他选项的设置如图 4-51 所示，单击 OK 按钮，即可创建一个新的合成。

04 从导入图片素材"背景 .jpg"，如图 4-52 所示。

05 然后把图片拖入时间轴上，如图 4-53 所示，效果如图 4-54 所示。

06 选中图片图层，然后选择 Effect → Simulation → CCsnow 命令，如图 4-55 所示，效果如图 4-56 所示。

07 打开 Effect Controls 面板，设置参数修改雪花的状态，如图 4-57 所示。

08 预览效果，导出影片。

小贴士

（1）利用 After Effects 的仿真系统可以做出很多特殊效果。

（2）通过 CCsnow 特效制作雪花飘落的效果，属于仿真类效果。

图 4-52 导入图片

图 4-53 设置界面

图 4-54 效果图

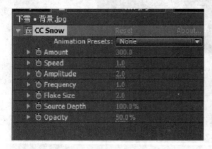

图 4-55 参数设置

图 4-56 效果图

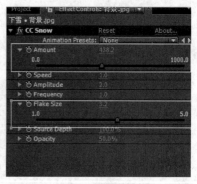

图 4-57 参数修改

拓展训练

参照样片制作下雨的效果。

训练 8　制作水泡效果

——运用 Foam 特效

■ 训练说明　本训练通过 Foam 特效制作
水泡效果，如图 4-58 所示。

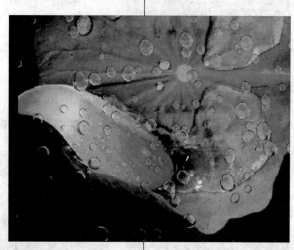

图 4-58　水泡效果

任务实现

01 打开 After Effects CS4。

02 新建一个项目文件。

03 按 Ctrl+N 组合键，弹出
Composition Settings 对话框，在 Composition
Name 文本框中输入"水泡"，其他选项的设
置如图 4-59 所示，单击 OK 按钮，即可创建
一个新的合成。

04 从配书光盘\素材\单元四\任务二\
训练 8 中导入素材"花瓣.jpg"，并把图片拖
入时间轴上，如图 4-60 所示。

05 然后按 Ctrl+D 组合键复制一个图
层，如图 4-61 所示。

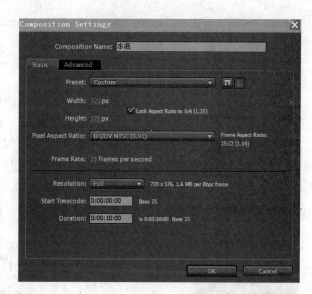

图 4-59　新建合成

图 4-60 导入素材

图 4-61 复制图层

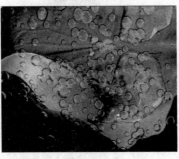

06 选中第一个图层，选择 Effect → Simulation → Foam 命令，在 Effect Controls 面板中进行参数设置，如图 4-62 所示。

07 预览效果，导出影片，如图 4-63 所示。

拓展训练

参照样片制作蒸汽的效果。

图 4-62 参数设置

图 4-63 最终效果

知识点拨

通过 Foam 特效制作气泡效果，还可以对其参数进一步调整以达到满意的效果。

Foam 属于仿真类特效。

任务二 AE 插件特效的应用

外挂滤镜，也称为外挂插件。After Effects 基本特效无法实现或单独实现的效果，可使用一些外挂插件就能够轻而易举地制作表现逼真、绚丽、惊叹的效果。如闪光、星光、火焰、爆炸、波纹、纹理、海水、3D 等插件，这些插件都广泛地被应用到广告、片头、特写镜头以及影视后期处理之中。比如 After Effects、Premiere、Photoshop、3ds Max、MAYA 等软件都有很多外挂插件。

训练9 制作耀眼的光效
——运用 Particular 和 Shine 特效

图 4-64 光线效果

训练说明 本训练利用 Particular 和 Shine 命令制作动态光效，如图 4-64 所示。

任务实现

01 打开 After Effects CS4。

02 新建一个项目文件。

03 按 Ctrl+N 组合键，弹出 Composition Settings 对话框，在 Composition Name 文本框中输入"光效"，其他选项的设置如图 4-65 所示，单击 OK 按钮，即可创建一个新的合成。

04 按 Ctrl+Y 组合键，新建一个黑色固态层，名字为光效，如图 4-66 所示。

05 选中固态层，选择 Effect → Trapcode → Particular 命令，选择预置特效为 t_OrganicLines，如图 4-67 所示，展开 Particles → sec 选项，设置特效控制参数，建立两个关键帧，如图 4-68 所示。

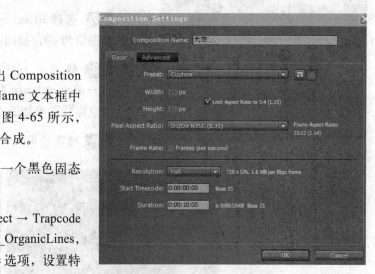

图 4-65　创建新的合成

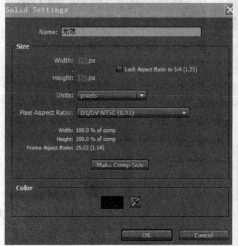

图 4-66　新建固态层

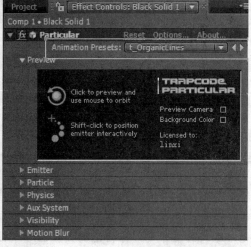

图 4-67　选择预置特效

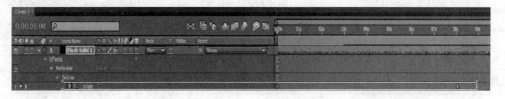

图 4-68　特效控制参数设置

小贴士

AE CS4 需安装插件 Trapcode 才可使用，建议添加插件的介绍及安装方法。

图 4-69　参数设置

图 4-70　模糊值设置

06 选择 Effect → Trapcode → Shine 命令，设置参数如图 4-69 所示。

07 选择 Effect → Blur&Sharpen → Fast Blur 命令，设置模糊值为 80，如图 4-70 所示。

08 接下来为光线添加扭曲特效，选择 Effect → Distort → Bezier Warp 命令，控制各个节点对光线进行扭曲，节点参数设置如图 4-71 所示。

09 预览效果，导出影片，如图 4-72 所示。

小贴士

除了利用 Particular、Shine 命令外，我们还可以通过添加 Fast blur 和 Bezier Warp 特效以达到满意的效果。

图 4-71　节点参数设置

图 4-72　最终效果

拓展训练

参照样片制作流动光效。

单元小结

　　本单元介绍了 After Effects 几种特效的应用。视频特效被广泛应用于影视广告制作、媒体包装作品中，比如在影视广告方面，商家运用几秒或者几十秒时间将企业、产品、创新、艺术等有机地结合在一起，达到图文并茂、传播范围大、能够吸引观众眼球的目的，这些是平面媒体所无法做到的。

单元练习

实操

　　1．参照视频 N1.wmv 效果，利用滤镜制作下雨、闪电场景，完成后导出视频，将其保存为 K01.wmv。

　　2．利用滤镜制作如视频 N3.wmv 所示的黑白电影效果，导出视频保存为 K03.wmv。

　　3．利用滤镜制作如视频 N4.wmv 所示的老电影效果，导出视频保存为 K04.wmv。

　　4．改变视频画面的背景颜色，具体效果参照视频 N5.wmv，导出视频保存为 K05.wmv。

　　5．制作多面墙视频画面效果，达到视频 N6.wmv 的效果，导出视频保存为 K06.wmv。

5

单元五 | 制作影视字幕

单元导读

　　通过本单元的学习，学会在 After Effects CS4 中创建文本、对文字区域编辑的方法、应用文本特效等；字幕在一部影片或者电影中舣起到宣告主题、对画面做注释说明、给对话做旁白等作用。本单元重点掌握在视频画面中添加适当的字幕，以及学习制作文本动画的一些技巧。

技能目标

- 建立文字层、文字录入与字体格式设置。
- 各种各样字幕效果合成制作。
- 应用 AE 预先定义好的文字动画模板。

任务一 制作动画字幕

文字字幕是一部影片中经常用到的元素，它可以反映影片的含义，同时又可以作为画面的点缀与装饰。动画字幕是指在 AE 中输入文字之后应用特效或者采用某种手段以实现制作适当的字幕效果。

训练 1 手写简单字
——绘图效果

训练说明 本训练要求模拟手写字的效果，主要用到了 Vector Paint（矢量绘画）效果，它是一个矢量绘画工具，可以绘画出需要的线条，并实时记录下这些线条的绘画过程，以动画形式回放出来，效果如图 5-1 所示。

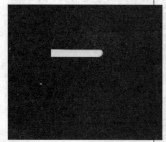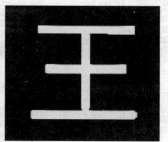

图 5-1 部分视频镜头效果

任务实现

01 打开 After Effects CS4。

02 新建一个项目文件。

03 按 Ctrl+N 组合键，弹出 Composition Settings 对话框，在 Composition Name 文本框中输入"手写字"，其他选项的设置如图 5-2 所示，单击 OK 按钮，即可创建一个新的合成。

图 5-2 新建合成

04 在 Timeline（时间轴）窗口内右击，在弹出的快捷菜单中，选择 New → Text 命令，创建一个文字层，如图 5-3 所示，输入文字"王"，并设置文字大小为 250，字体是黑体，如图 5-4 所示。

图 5-3 新建文字层　　　　图 5-4 输入文字

05 在菜单栏中选择 Effect → Paint → Vector Paint 命令，在 Effect Controls 面板中修改其参数，参数设置如图 5-5 所示。

06 在 Effect Controls 面板中单击 Playback Mode（回放模式）选项右边的按钮，在打开的下拉菜单中选择 Animate Strokes 选项，如图 5-6 所示。

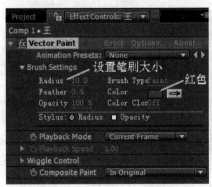

图 5-5 设置特效参数

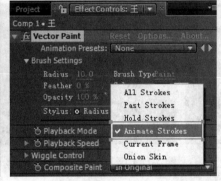

图 5-6 设置 Playback Mode

07 在 Effect Controls 面板中设置 Playback Speed 选项的数值为 8，如图 5-7 所示。

08 在合成窗口中单击绘画工具顶部的三角形按钮 ⏺，在弹出的菜单中选择 Shift-paint Records → In Realtime 命令（实时地记录下所进行的绘画），如图 5-8 所示。

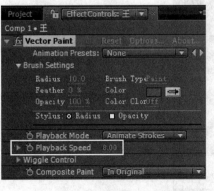

图 5-7 设置 Playback Speed

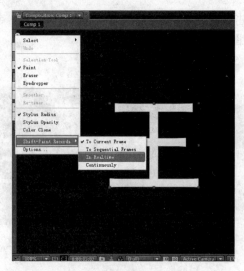

图 5-8 选择 Shift-paint Records 命令

09 在"时间轴"面板中将时间标签放置在 0 秒位置，如图 5-9 所示。

10 按住 Shift 键描第一个笔画（如王字的上面第一笔），如图 5-10 所示，然后释放 Shift 键，按一下空格键，可预览到白色的笔画就按刚才描的走了一下。

图 5-9 设置时间标签

11 然后在"时间轴"面板中将时间标签放置在 1 秒位置，按住 Shift 键描第二个笔画（如王字的上面第二笔），然后松开 Shift 键，如图 5-11 所示。然后再利用相同的方法绘制出其他的笔画，如图 5-12 所示。

图 5-10 第一笔

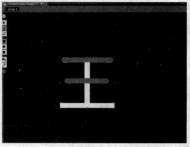

图 5-11 第二笔

图 5-12 其他笔画

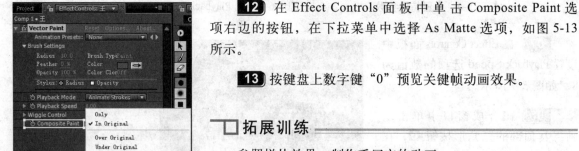

图 5-13 设置 Composite Paint 选项

12 在 Effect Controls 面板中单击 Composite Paint 选项右边的按钮，在下拉菜单中选择 As Matte 选项，如图 5-13 所示。

13 按键盘上数字键"0"预览关键帧动画效果。

拓展训练

参照样片效果，制作手写字的动画。

训练 2　打字效果
——路径文字效果

▍训练说明　本训练要求制作出手动输入的打字效果，如图 5-14 所示，下面使用 After Effects CS4 分析打字效果的实现过程。

图 5-14　打字效果

任务实现

01 打开 After Effects CS4。

02 新建一个项目文件。

03 按 Ctrl+N 组合键，弹出 Composition Settings 对话框，在 Composition Name 文本框中输入"打字效果"，其他选项的设置如图 5-15 所示，单击 OK 按钮，即可创建一个新的合成。

04 按 Ctrl+Y 组合键，新建固态层，具体参数设置如图 5-16 所示。

05 选择文字图层，添加文字特效需选择 Effect → obsolete → Path Text 命令。在弹出的 Path Text（路径文字）对话框中，输入文字，设置字体样式，单击 OK 按钮，如图 5-17 所示。

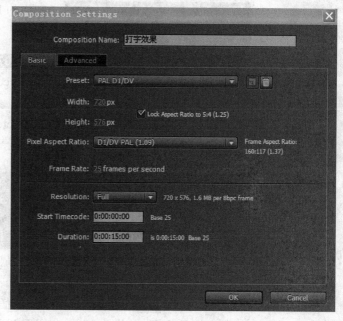

图 5-15　新建合成

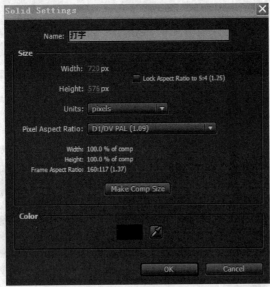

图 5-16 新建固态层

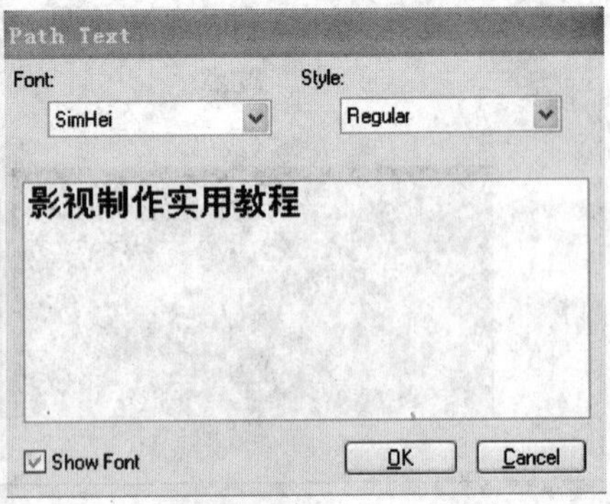

图 5-17 路径文字特效

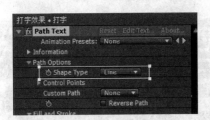

图 5-18 PathText 参数设置

06 设置 Effect Controls（特效控制）面板中的 Path Text（路径文字）参数，如图 5-18 所示。

07 在 Timeline（时间线）窗口中展开 Advanced 中的 Visible Characters 和 Fade Time 属性，然后在 0 秒处分别插入关键帧，Visible Characters 设为 0，Fade Time 设为 0，如图 5-19 所示。

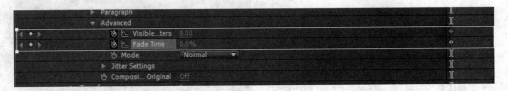

图 5-19 0 秒处参数设置

08 然后在 5 秒处分别插入关键帧，Visible Characters 设为 10，Fade Time 设为 100，如图 5-20 所示。

09 预览效果，导出影片。

图 5-20 5 秒处参数设置

制作打字效果主要运用了Path Text（路径文字）特效通过关键帧的设置来实现。

□ **拓展训练**

参照训练自己制作打字效果动画。

训练 3 滚动字幕

——字幕移动效果

■ **训练说明** 本训练要求制作滚动的文字效果，如图 5-21 所示，达到字幕从下往上滚动的目的。

图 5-21 滚动字幕效果

□ **任务实现**

01 打开 After Effects CS4。

02 新建一个项目文件。

03 按 Ctrl+N 组合键，弹出 Composition Settings 对话框，在 Composition Name 文本框中输入"文字滚动"，其他选项设置如图 5-22 所示，单击 OK 按钮，即可创建一个新的合成。

04 在 Timeline（时间轴）窗口内右击，在弹出的快捷菜单中，选择 New → Text 命令，创建一个文字层，输入文字，如图 5-23 所示。

05 选择文字图层，在Timeline（时间线）窗口中展开Position（位移）属性，在第0秒处插入第一个关键帧，并设置Position（位移）为（150、700），如图5-24所示。

06 在第10秒处插入第二个关键帧，并设置Position（位移）为（150、−100），如图5-25所示。

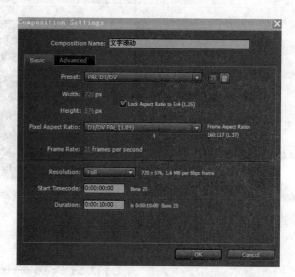

图 5-22 新建合成

小贴士

在视频画面中制作字幕滚动效果，主要通过设置 Position（位移）关键帧来实现。

图 5-23　输入文本

图 5-24　第一个关键帧参数设置

图 5-25　第二个关键帧参数设置

07 预览效果，导出影片。

拓展训练

参照样片制作一个从左到右的字幕变化效果。

训练 4　过光文字
——遮罩制作光效

训练说明　本训练要求在画面中出现一道白光从文字的左边向右边划过，其效果如图 5-26 所示，达到在画面中突出文字的目的。

图 5-26　过光文字效果

任务实现

01 打开 After Effects CS4。

02 新建一个项目文件。

03 按 Ctrl+N 组合键，弹出 Composition Settings 对话框，在 Composition Name 文本框中输入"过光文字"，其他选项的设置如图 5-27 所示，单击 OK 按钮，即可创建一个新的合成。

04 按 Ctrl+Y 组合键，新建固态层，具体参数设置如图 5-28 所示。

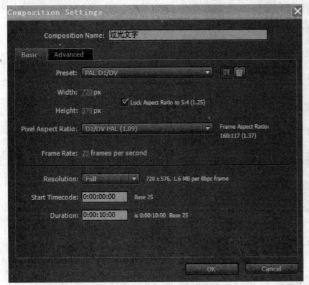

图 5-27　新建合成

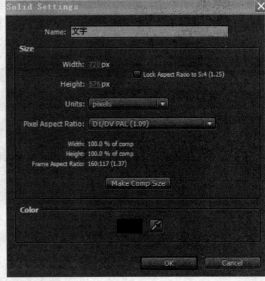

图 5-28　新建固态层

05 选择文字图层，添加文字特效，选择 Effect → Obsolete → Basic Text 命令，在弹出的 Basic Text 对话框中输入"影视制作"，参数设置如图 5-29 所示，效果如图 5-30 所示。

06 调出特效面板，设置参数如图 5-31 所示。

图 5-29　文本输入设置

图 5-30　效果图

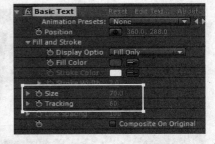

图 5-31　文字特效参数设置

07 按 Ctrl+Y 组合键，新建固态层，具体参数设置如图 5-32 所示。

08 选择 Solid 图层，用 Rectangle Tool 矩形工具画一个 Mask，如图 5-33 所示。

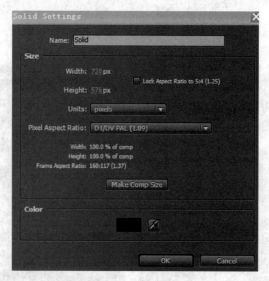

图 5-32　新建固态层

图 5-33　画矩形

09 选中文字层，并按 Ctrl+D 组合键，复制一层并改名为文字 1，将其放在最上面，Solid 图层的 Mode 设置为 Add，Trkmat 设置为 Luma Matte "文字 1"，如图 5-34 所示。

10 选择 Solid 图层，为 Mask 做位置移动，选中 Mask Path 在 0 秒处插入关键帧，如图 5-35 所示。

> **小贴士**
>
> 制作文字过关效果，要通过文字层和一个遮罩层来共同实现，通过在 Mask Path 中设置位移关键帧来达到预期的目的。

图 5-34　参数设置

图 5-35　0 秒处插入关键帧

11 选择 Solid 图层，为 Mask 做位置移动，选中 Mask Path 在 1 秒处插入关键帧，移动遮罩位置；在 2 秒帧处，插入关键帧，移动遮罩位置，如图 5-36 所示。

12 预览效果，导出影片。

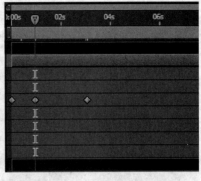

图 5-36　1 秒和 2 秒处分别插入关键帧

拓展训练

参照样片制作过光文字的效果。

训练 5　**利用路径工具制作跳舞文字**
——在文字上添加特效

训练说明　本训练要求利用钢笔工具绘制出运动路径，再运用文字特效制作出舞动的文字，如图 5-37 所示。

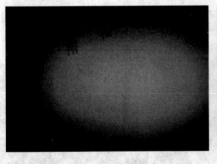

图 5-37　效果图

任务实现

01 打开 After Effects CS4。

02 新建一个项目文件。

03 按 Ctrl+N 组合键，弹出 Composition Settings 对话框，在 Composition Name 文本框中输入"跳舞文字"，其他选项的设置如图 5-38 所示，单击 OK 按钮，即可创建一个新的合成。

04 按 Ctrl+Y 组合键，新建固态层，具体参数设置如图 5-39 所示。

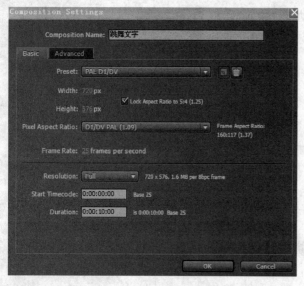

图 5-38 新建合成

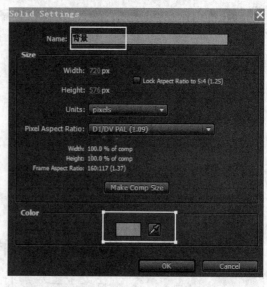

图 5-39 新建固态层

05 选择工具栏中的圆形工具 █，在合成窗口中绘制一个椭圆，如图 5-40 所示。

06 展开图层中 Mask（遮罩），设置 Mask Feather（羽化）值为 280，如图 5-41 所示。

图 5-40 绘制椭圆

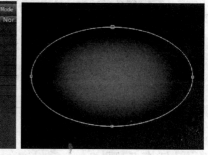

图 5-41 Mask 参数设置及效果图

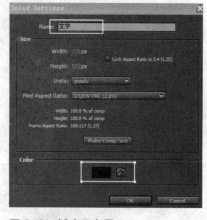

图 5-42 新建固态层

07 按 Ctrl+Y 组合键，新建固态层，具体参数设置如图 5-42 所示。

08 选择工具栏中的钢笔工具 █，然后在合成窗口中绘制一条曲线，如图 5-43 所示。

09 选择文字图层，然后选择 Effect → Obsolete → Path Text 命令，在弹出的 Path Text 对话框中输入文字，影视制作实用教程，如图 5-44 所示。

图 5-43　绘制曲线

图 5-44　路径文字特效

10　展开特效 Path Text（路径文字）选项，然后在其中的 Path Options（路径选项）属性栏中，设置 Custom Path（自定义路径）为 Mask1（遮罩 1），如图 5-45 所示。

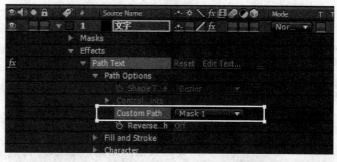

图 5-45　Path Text 参数设置

11　展开 Paragraph（段落）卷展栏，在 0 帧处为 Left Margin 插入关键帧，并设置参数为 –530，将时间标记拖动到 10 秒处插入关键帧，并设置参数为 2341.20，参数可根据画面要求设置，如图 5-46 所示。

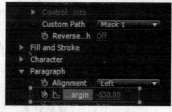

图 5-46　Paragraph 参数设置

12　展开 Advanced 选项，然后在展开的 Jitter Settings（抖动设置）选项中，在 0 帧处插入关键帧，并设置参数值；将时间标记拖动到 10 秒处插入关键帧，并设置参数值，如图 5-47 所示。

13　预览效果，如图 5-48 所示，导出影片。

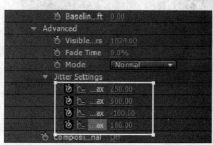

图 5-47　Jitter Settings 参数设置

图 5-48　最终效果

小贴士

制作跳舞文字效果，主要通过利用钢笔工具绘制出运动路径，再添加路径文字特效 Path Text 和使用抖动特效 Jitter Settings 来实现制作出舞动文字的目的，这也适合于进行电视节目片头或者宣传片片头文字效果的制作。

拓展训练

参照样片制作路径文字的效果。

任务二　预设动画字幕

为了制作方便，AE 还预设了一些动画效果，运用这些设置可以制作出变化多端的文字动画效果，操作方便，只要选择其中预设好的字幕动画效果应用到字幕上即可。

训练6　利用预设动画制作文字效果
——AE 自带字幕动画

训练说明　本训练主要运用 AE 预置的文字动画特效来制作文字动画效果，如图 5-49 所示。

图 5-49　部分视频镜头效果

任务实现

01 打开 After Effects CS4。

02 新建一个项目文件。

03 按 Ctrl+N 组合键，弹出 Composition Settings 对话框，在 Composition Name 文本框中输入"预设动画"，其他选项的设置如图 5-50 所示，单击 OK 按钮，即可创建一个新的合成。

04 按 Ctrl+Y 组合键，新建固态层，具体参数设置如图 5-51 所示。

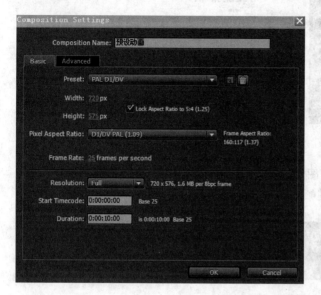

图 5-50　新建合成

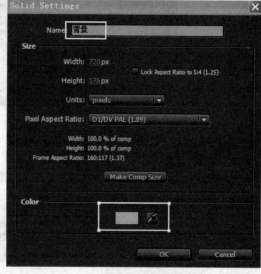

图 5-51　新建固态层

05 选择工具栏中的圆形工具 ●，在合成窗口中绘制一个椭圆，如图 5-52 所示。

06 展开图层中 Mask（遮罩），设置 Mask Feather（羽化）值为 280，如图 5-53 所示，效果如图 5-54 所示。

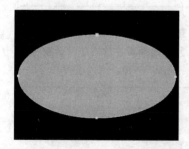

图 5-52　绘制椭圆

图 5-53　Mask 参数设置

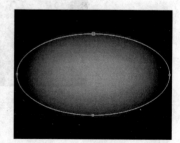

图 5-54　效果图

07 在 Timeline（时间轴）窗口内右击，在弹出的快捷菜单中，选择 New → Text 命令，创建一个文字层，输入文字，并设置文字大小为 70，如图 5-55 所示。

08 选择 Animation → Apply Animation Preset → Presets → Text → Rotation → Whirlwind 命令，如图 5-56 所示。

图 5-55　输入文本　　　　　　　　图 5-56　添加预设动画

09 选择文字图层，按 U 键，然后把第一个关键帧移动到 2 秒的位置，把第二个关键帧移动到 10 秒的位置，如图 5-57 所示。

图 5-57　移动特效关键帧

10 预览效果，如图 5-58 所示，导出影片。

图 5-58　预览最终效果

小贴士

在 AE 中自带很多文字动画效果，不需要任何设置，只要选择需要的文字动画效果，打开即可。

拓展训练

利用预设动画制作其他动感的文字动画效果。

▌知识链接　多种方法创建文字

1. 创建文字字幕

在 After Effects CS4 中用户可以通过多种方法创建文字，常用的方法如下。

（1）单击 Tools 面板中的 █ 工具图标来创建文字，如图 5-59 所示，然后在 COMP 合成窗口中单击即可。

（2）在 Timeline 窗口内右击，在弹出的快捷菜单中，选择 New → Text 命令，创建一个文字层，如图 5-60 所示。

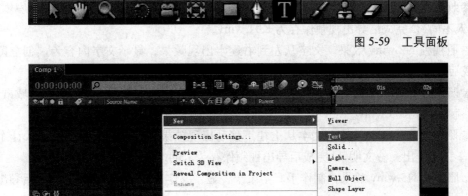

图 5-59　工具面板

图 5-60　创建文字层

2. 动画字幕

After Effects CS4 为用户提供了很强大的文字动画功能，在 AE 中输入字幕之后可利用 AE 特效、遮罩以及后续内容讲述的摄像机和灯光制作出各式各样的动画字幕效果；动画字幕不仅在视频画面中起到解说、旁白的作用，而且有点缀、装饰的效果。

▌单 元 小 结

字幕效果有上千万种，本单元通过学习制作简单的影视字幕，在视频画面添加适当的文字、给文字添加效果等，掌握了简单字幕在视频处理过程的作用以及制作方法。在 AE 中不仅可以通过创建简单的字幕为影视作品起到旁白、解说的作用，而且还可以制作丰富多彩的动画字幕为影视作品增加气质和动感效果，加强整个画面的张力。

单 元 练 习

一、判断

1. 需输入文字时可在工具栏选中 █ 图标，然后在合成预览窗口单击鼠标即可生成文字图层，或者在合成面板单击鼠标右键选择"New—>Text"命令，接着输入文字。　（　　）

2．文字的字体、大小、颜色、字间距等可在 Character(字体) 面板设置。 （　　　）

3．可以通过给文字添加特效以制作文字动画或者特殊文字效果。 （　　　）

二、填空

1．输入文字可直接按快捷键 Ctrl+ _____ 键。

2．要输入路径文字则单击菜单 Effect → Text → _____ 命令。

3．在 AE 中要应用预置动画文字效果时，可单击菜单将 _____ 打开，并根据需要选择效果。

三、实操

1．参照视频 N1.wmv 效果，文字从左到右慢慢出现效果，显示文字内容为"年年岁岁花相似，岁岁年年人不同"，完成后导出视频保存为 K01.wmv。

2．参照视频 N2.wmv 效果，文字从左到右逐字出现效果，显示文字内容为"创全国明文城市"，完成后导出视频保存为 K02.wmv。

3．参照视频 N3.wmv 效果，文字缩放出现效果，显示文字内容为"创全国文明城市"，完成后导出视频保存为 K03.wmv。

4．参照视频 N4.wmv 效果，文字从上往下移动出现效果，显示文字内容为"人让车让出一份安全，车让人让出一份文明"，完成后导出视频保存为 K04.wmv。

5．参照视频 N5.wmv 效果，制作手写字效果，显示文字内容为"Love"，完成后导出视频保存为 K05.wmv。

6．单击菜单 Animation（动画）→ Apply Animation Preset（应用动画预置）→ Presets（预置）→ Text(文字)→ 3D Text → 3D Bouncing In Centered.ffx。用 AE 预设动画效果制作显示文字"After Effects"，制作文字动画，具体效果参照 N6.wmv，完成后导出视频保存为 K06.wmv。

7．单击菜单 Animation（动画）→ Apply Animation Preset（应用动画预置）→ Presets（预置）→ Text（文字）→ Rotation → Swirly Rotation.ffx。用 AE 预设动画效果制作显示文字"Adobe After Effects"，制作文字动画，具体效果参照 N7.wmv，完成后导出视频保存为 K07.wmv。

6

单元六   使用影视转场

单元导读

　　本单元主要学习 After Effects 视频转场技术，掌握视频画面各种转场的制作方法，常见的有内置转场，动画预置转场，有了预置的转场和特殊的转场方式，可以制作出更加丰富多彩的转场效果。

技能目标

● 会用 After Effects 内置 Transition（切换）特效制作图片之间的切换。

● 会用 After Effects 所预设动画的功能制作转场效果。

● 会用 After Effects 与其他软件结合制作视频转场。

任务一 AE 内置特效转场

AE 内置特效组 Transition（切换），主要用来制作场景之间画面切换的效果，以达到画面间镜头切换的自然过渡。

训练1 利用特效转场制作相册
——设置转场特效参数制作转场效果

训练说明 利用提供的图片素材，通过灵活使用 Linear Wipe（线性擦除）、Radial Wipe（放射擦除）、Iris Wipe（星形擦除）、Card Wipe（卡片擦除）、Drop Shadow（水滴阴影）等命令，来制作边框、类似电子相册等转场效果，其中转场效果部分镜头如图 6-1 所示。

图 6-1 转场部分镜头

任务实现

01 打开 AE CS4，新建一个项目文件，将其命名为"相册"，保存文件。

02 新建一个合成。按 Ctrl+N 组合键，弹出 Composition Settings 对话框，在 Composition Name 文本框中输入"相片"，大小为 640×480（像素），时间长度为 8 秒。设置如图 6-2 所示。

03 导入图片素材。双击"项目"面板，导入 1.jpg ~ 5.jpg 图片文件。并将导入的图片素材拖入到"时间线"面板中，将第 5 层图片的显示开关关闭。设置如图 6-3 所示。

04 对相片合成中的图片 1 设置参数如下。

选择 1 图片"1.jpg"层，并选择 Effect → Transition → Linear Wipe 命令，为其添加线性擦除特效。

调整时间表为 0:00:00:0 秒，设置 Transition Completion（变换结束）的参数为 0，并勾选前面的码表，创建第一个关键帧。设置如图 6-4 所示。

05 调整时间表为 0:00:01:15 秒，设置 Transition Completion 的参数为 100，自动创建第二个关键帧。设置后的预览效果如图 6-5 所示。

图 6-2　新建一个合成

图 6-3　导入素材

图 6-4　"1.jpg"特效 Linear Wipe 的第一个关键帧

06 对相片合成中的图片 2 转场特效参数设置如下。

选择图片"2.jpg"层，选择 Effect → Transition → Radial Wipe 命令，为其添加放射擦除特效。

调整时间表为 0:00:01:21 秒，设置 Transition Completion 的参数为 0，并勾选前面的码表，记录第一个关键帧，如图 6-6 所示。

图 6-5 "1.jpg"特效 Linear Wipe 的第二个关键帧

图 6-6 "2.jpg"特效 Radial Wipe 的第一个关键帧

图 6-7 "2.jpg"特效 Radial Wipe 的第二个关键帧

调整时间表为 0:00:02:21 秒，设置 Transition Completion 的参数为 100，自动记录码表，记录第二个关键帧，设置后的预览效果如图 6-7 所示。

07 对相片合成中的图片 3 转场特效参数设置如下。

选择图片"3.jpg"层，选择 Effect → Transition → Iris Wipe 命令，为其添加星形擦除特效。

调整时间表为 0:00:03:10 秒，设置 Outer Radius（外半径）大小为 0。并勾选前面的码表，勾选 Use Inner Radius 前的复选框，设置 Inner Radius（内半径）大小为 0，并勾选前面的码表，记录第一个关键帧，如图 6-8 所示。

调整时间表为 0:00:05:0 秒，其参数设置如图 6-9 所示，自动创建第二个关键帧，设置后的预览效果如图 6-10 所示。

08 对相片合成中的图片 4 转场特效设置如下。

选择图片"4.jpg"层，并选择 Effect → Transition → Card Wipe 命令为其添加卡片擦除特效。

图 6-8 "3.jpg"特效 Iris Wipe 的第一个关键帧

图 6-9 "3.jpg"特效 Iris Wipe 的第二个关键帧

图 6-10 预览效果

调整时间表为 0:00:05:10 秒，设置 Transition Completion 的参数为 0，并勾选前面的码表，创建第一个关键帧，Back Layer（背面图层）设置为 "5.jpg"，其他参数设置如图 6-11 所示。

调整时间表为 0:00:07:10 秒，设置 Transition Completion 的参数为 100，码表自动创建第二个关键帧，设置以及预览效果如图 6-12 所示。

09 为相册制作边框。创建固态层，按 Ctrl+Y 组合键，重命名为 "外框"，设置如图 6-13 所示。

10 绘制 Mask 并反转。用钢笔工具为 "外框"层绘制 Mask，然后展开层属性，勾选 Inverted 选项。设置如图 6-14 所示。设置后的预览效果如图 6-15 所示。

图 6-11 "4.jpg"特效 Card Wipe 的第一个关键帧

图 6-12 "4.jpg"特效 Card Wipe 的第二个关键帧

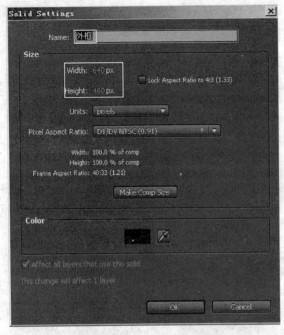

图 6-13 新建一个固态层"外框"

图 6-14 绘制边框线条

图 6-15 应用后的效果

11 创建一个新的合成，命名为"效果"，设置大小 640×480（像素），时间长度为 8 秒，设置如图 6-16 所示。

12 在"效果"合成中新建"背景"层，使其大小与当前合成相匹配，设置如图 6-17 所示。

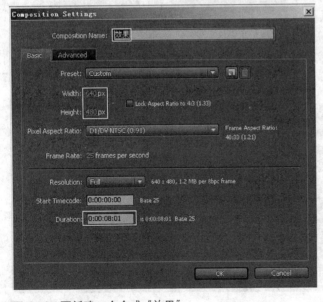

图 6-16 再新建一个合成"效果"

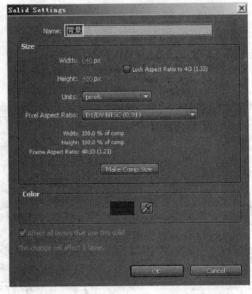

图 6-17 新建一个固态层"背景"

13 选择"背景"层，并选择 Effect → Generate → Ramp 命令，为其添加特效，然后在特效面板中设置渐变参数，具体参数设置如图 6-18 所示。

14 调节三维参数栏。将"相片"合成拖入"效果"合成中，打开它的三维开关，设置如图 6-19 所示。

15 打开 Transform 卷展栏，修改其 Position（位移）、Scale（比例大小）、Rotation（旋转）等参数，特效的具体参数以及设置后的效果如图 6-20 所示。

图 6-18 "背景"层应用特效 Ramp

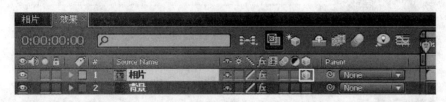

图 6-19 打开三层设置

图 6-20 设置名字为"效果"合成的 Transform 参数及效果图

16 选择"相片"层，并选择 Effect → Perspective → Drop Shadow 命令，为其添加特效，实现阴影效果，主要调节阴影特效的阴影距离以及阴影柔和程度，参考设置如图 6-21 所示。效果如图 6-22 所示。

图 6-21 添加阴影效果 Drop Shadow

图 6-22 效果图

17 按小键盘上的"0"键对最终效果进行预览,效果如图6-23所示。

18 保存文件,选择 File → Collect Files 命令收集文件。

图6-23 预览可看到的关键镜头

知识点拨

本训练主要应用Linear Wipe(线性擦除)特效、Radial Wipe(放射擦除)特效、Iris Wipe(星形擦除)特效、Card Wipe(卡片擦除)制作相册转场特效;结合使用Ramp特效、Drop Shadow特效制作边框的阴影效果。

拓展训练

利用所提供的素材,结合本训练所学的转场命令制作一个电子相册效果。

任务二 AE 与 Photoshop 结合使用

AE自带了一部分预置好的动画转场特效,可以利用预置好的转场制作出形式多样的视频画面转场效果,与一般转场特效相比,它不需要设置转场特效的参数,只需选择某一个转场特效应用即可。

训练 2 利用预置动画制作活动 DV 转场
——应用预置转场特效

训练说明 本训练主要运用了 AE CS4 自带的预置动画转场特效,制作形式多样的视频画面转场效果。下面分析如何将内置的转场效果运用到视频画面中。应用预设转场特效后的部分镜头如图 6-24 所示。

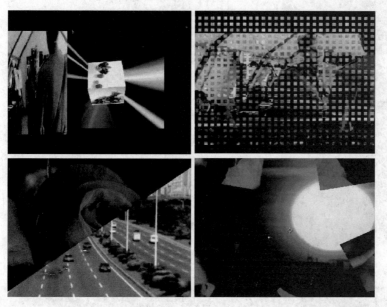

图 6-24　预设转场后的部分镜头

任务实现

01 打开 AE CS4。新建一个项目文件。保存并将其命名为"预设动画转场"。

02 打开光盘目录中的素材文件视频 1.mov ~ 视频 5.mov，导入到项目面板中。

03 新建一个合成 Composition，属性设置如图 6-25 所示。

04 把项目面板中的 5 个视频素材分别拖动到 Comp1 合成面板时间轴上，如图 6-26 所示。

05 选中"视频 4"层，将时间线面板中视频滑块的首部拖到 0:00:02:10 处，效果如图 6-27 所示。

06 参考步骤 5，调整其他图层滑块首部。

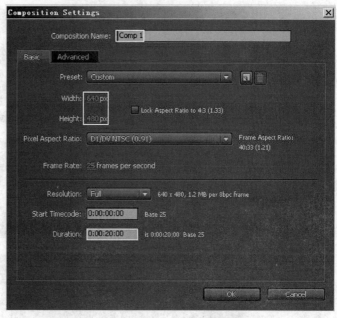

图 6-25　新建合成

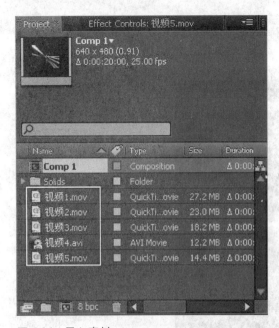

图 6-26 导入素材

同理，将视频 3 的滑块首部拖到 0:00:04:10 处，设置如图 6-28 所示。

将视频 2 的滑块首部拖到 0:00:08:10 处，设置如图 6-29 所示。

将视频 1 的滑块首部拖到 0:00: 13:10 处，设置如图 6-30 所示。

07 各图层设置完成后的时间线面板图如图 6-31 所示。

08 选择"视频 4"图层，添加预置动画转场效果。将时间调整到 0:00:02:10，选择 Animation → Apply Animation Presets 命令，在对话框中选择 Transitions-Movement → Stretch-horizontal 文件，如图 6-32 所示。

图 6-27 调整 "视频 4" 在时 间轴上位置

图 6-28 调整 "视频 3" 在时 间轴上位置

图 6-29 调整 "视频 2" 在时 间轴上位置

图 6-30 调整 "视频 1" 在时 间轴上位置

图6-31 各图层在时间轴上的位置

09 选择图层 4，按键盘上的 U 键，调出关键帧，将第一帧关键帧移到 2 秒 10 帧的位置，第二帧关键帧移到 3 秒 10 帧的位置，时间线面板如图 6-33 所示，预览转场效果如图 6-34 所示。

10 选择"视频 3"图层，添加预置动画转场效果。将时间调整到 0:00:04:10，选择 Animation → Apply Animation Presets 命令，在对话框中选择 Transitions-Wipes → Grid Wipe 文件，如图 6-35 所示。

11 选择"视频 3"图层，按键盘上的 U 键，调出关键帧观察，参考步骤 9。预览转场效果如图 6-36 所示。

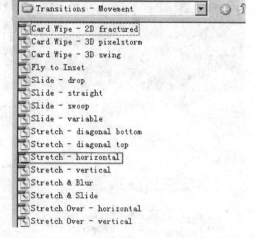

图6-32 "视频 4"应用转场

图6-33 修改预设转场参数

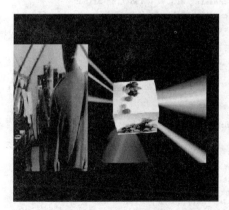

图6-34 "视频 4"应用转场后效果

图6-35 "视频 3"应用转场

131

图 6-36　"视频 3"应用预设转场后效果

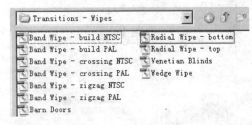

图 6-37　"视频 2"应用转场

12 选择"视频 2"图层，添加预置动画转场效果。将时间调整到 0:00:08:10，选择 Animation → Apply Animation Presets 命令。在对话框中选择 Transitions-Wipes → Radial Wipe-bottom 文件，如图 6-37 所示。

13 选择"视频 2"图层，按键盘上的 U 键，调出关键帧观察，参考步骤 9。预览转场效果如图 6-38 所示。

14 选择"视频 1"图层，添加预置动画转场效果。将时间调整到 0:00:13:10，选择 Animation → Apply Animation Presets 命令，在对话框中选择 Transitions-Wipes\Iris-star 文件，如图 6-39 所示。

15 选择"视频 1"图层，按键盘上的 U 键，调出关键帧观察，参考步骤 9。预览转场效果如图 6-40 所示。

16 按小键盘上的 0 键对最终效果进行预览。

17 保存文件，导出影片。选择 File → Collect Files 命令，收集文件。

图 6-38　"视频 2"应用转场后效果

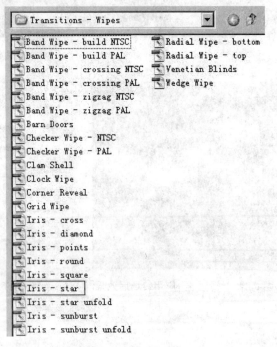

图 6-39　"视频 1"应用转场

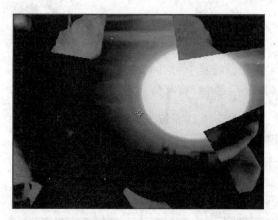

图 6-40 "视频 1" 应用转场后效果

> **知识点拨**
>
> 本训练主要用到 Animation Preset 里常见的几种转场效果，如 Stretch-horizontal，Grid Wipe，Radial Wipe-bottom，Iris-star，在学习时可以随意设置其他的预置动画制作出不同的效果。
>
> 应用 AE CS4 自身的 Animation Preset（动画预置）功能，进行转场效果制作，它的优点是可制作出好看的转场效果而不需要任何的设置，打开即用，方便快捷，节省时间。

拓展训练

打开光盘，运用内置的转场效果制作 DV 转场。

任务三 综合提高

综合应用转场特效、预设转场特效，以及结合摄像机等功能制作绚丽的多屏影视转场效果。

训练 3 制作"多屏影视转场"效果
——多屏转场

训练说明 利用提供的素材，使用 Block Dissolve（块状溶解）特效结合白色固态层制作出块状溶解转场和闪白效果，使用 Card Wipe（卡片擦除）制作三维空间电视墙特效，使用 Illustrator 软件结合描边特效制作白色边框效果，使用整合摄像机工具完成最终的摄像机动画。多屏影视转场效果如图 6-41 所示。

图 6-41 部分视频镜头

☐ 任务实现

01 导入素材：打开配套光盘将其中的四个文件全部导入到"项目"面板中，并对素材进行观察，保存文件，将其命名为"影视转场"。

02 将"多屏.mov"素材拖到项目面板下方的新建合成按钮上，建立一个与此素材属性相同的合成，如图6-42所示。

03 将项目面板中的"单屏.mov"拖到时间线面板中，并使该层处于第二层，如图6-43所示。

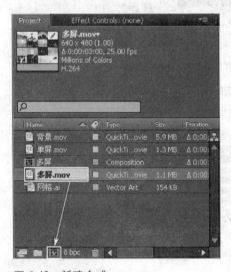

图6-42 新建合成 　　　　　　　　图6-43 新建合成

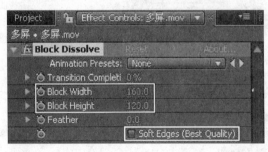

图6-44 参数设置

04 选择"多屏.mov"层，选择 Effect → Transition → Block Dissolve 命令。

05 调节 Block Dissolve（块状溶解）特效的属性参数。将 Block Width（块状宽度）设为160，Block Height（块状高度）高为120。取消选中的 Soft Edges（Best Quality）（柔化边缘（最好品质））复选框，如图6-44所示。

06 设置转场关键帧动画。调整时间到0:00:00:16帧的位置，设置 Block Dissolve 特效的 Transition Completion（转场完成百分比）的参数为0，并单击前面的码表图标，添加第一个关键帧，如图6-44所示。

07 调整时间到0:00:02:22帧的位置，设置 Transition Completion 的参数为100%，时间线面板如图6-45所示。

08 单击时间线面板上方的 Graph Editor（图表编辑器）按钮，展开图表编辑器。选择 Transition Completion 项这两个关键帧，然后单击

> **小贴士**
>
> 对层添加关键帧后，可以用快捷键U来显示关键帧项。

编辑下的 Convert selected keyframes to Auto Bezier（转换选择的关键帧到自动贝塞尔）按钮，如图 6-46 所示。

图 6-45 参数设置

图 6-46 参数设置

09 调整时间到 0:00:01:20 帧的位置，单击 Transition Completion 前面的添加关键帧按钮（小菱形按钮），在此添加一个关键帧，然后调整曲线的形态，如图 6-47 所示。

图 6-47 参数设置

10 选择 Layer → New → Solid 命令，快捷键为 Ctrl+Y，Color 设为纯白色，设置如图 6-48 所示。

11 在时间线面板中将其调整到第二层的位置。

12 给白色固态层复制特效。首先在时间线面板中选择"多屏 .mov"层，然后打开特效控制面板，选中 Block Dissolve（块状溶解）特效，按 Ctrl+C 组合键进行复制，如图 6-49 和图 6-50 所示。

> **小贴士**
>
> 在自动贝塞尔中，可以通过控制句柄的调节来改变关键帧的变化速率。

小贴士

调节曲线的形态是让转场特效跟随曲线的形态进行变化，也就是说在一开始时变化缓慢一些，中间部分变化较平均，结束时变化较缓和。

小贴士

设置纯白色是为制作转场时的闪白效果。

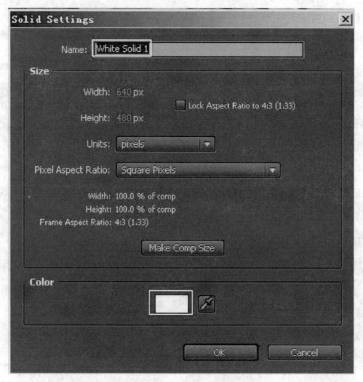

图 6-48 设置颜色

图 6-49 参数设置

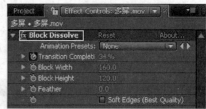

图 6-50 复制特效

13 调整时间到 0:00:00:17 帧的位置（为取一帧闪白效果），选择 White Solid 1 层，按 Ctrl+V 组合键对特效进行粘贴，如图 6-51 所示，效果如图 6-52 所示。

图 6-51 参数设置

图 6-52 效果图

14 降低白色固态层的透明度，选择 White Solid 1 层，按 T 键展开 Opacity（不透明度）属性，设置其值为 70%，如图 6-53 所示，预览效果如图 6-54 所示。

图 6-53 参数设置

图 6-54 预览效果

15 选择或者按下时间线面板中的所有图层，然后执行 Layer → Pre-compose 命令，或者按 Ctrl+Shift+C 组合键，如图 6-55 所示。嵌套合成对话框的设置如图 6-56 所示。

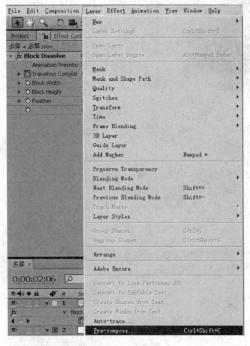

图 6-55　嵌套合成命令

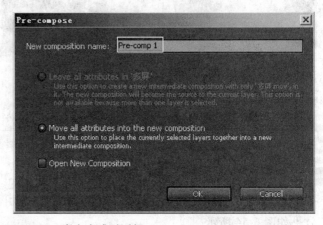

图 6-56　嵌套合成对话框

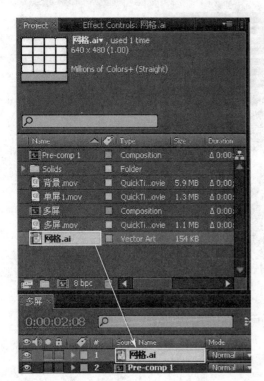

图 6-57　参数设置

16 将项目面板中的"网格 .ai"拖到时间线面板中，使该层处于第一层的位置，如图 6-57 所示。

17 选择 Pre-comp 1 合成层的轨道遮罩，在该层的 Track Matte（轨道遮罩）下拉列表中选择 Luma Matte "网格 .ai"，如图 6-58 所示。

18 使用 Illustrator 软件打开"网格 .ai"文件，选择所有的图形，按 Ctrl+C 组合键进行复制，如图 6-59 所示。

19 返回到 AE 中，选择 Pre-comp 1 合成层，按 Ctrl+V 组合键进行粘贴，如图 6-60 所示。

20 给每个屏添加描边特效。选择 Effect → Generate → Stroke 命令，调整描边特效参数，选中 All Masks（所有路径）复选框，设置 Brush Hardness（笔刷硬度）为 100%，如图 6-61 所示。

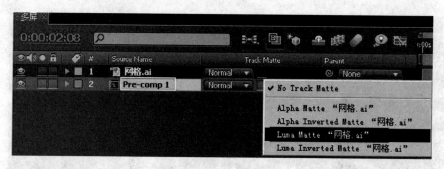

图 6-58 参数设置

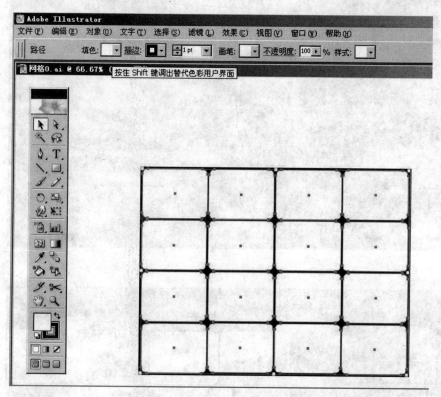

图 6-59 复制图形

21 将项目面板中的"多屏"合成层拖到新建合成按钮上,建立一个新的合成"多屏 2",并将其名称修改为 final。

22 新建一个摄像机,执行 Layer → New → Camera 命令,如图 6-62 所示。

23 在弹出的 Camera Setting(摄像机设置)对话框中,在 Preset(预设)下拉列表中选择 24mm,单击 OK 按钮来确定,如图 6-63 所示。

图 6-60 粘贴复制图形

图 6-61 参数设置

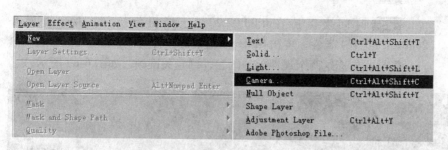

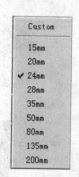

图 6-62　执行命令　　　　　图 6-63　参数设置

24 在时间线面板上选择"多屏"合成层，执行 Effect → Transition → Card Wipe 命令。

25 对 Card Wipe（卡片擦除）特效进行参数设置。将时间调整到 0:00:00:0 秒，设置 Transition Completion（转场完成度）为 100%，Transition Width（变换宽度）为 100%，Rows（行）为 4；Columns（列）为 4，Camera System（摄像机系统）设为 Comp Camera（合成摄像机），Position Jitter（位置抖动）>Z Jitter Amount（Z 轴抖动量）设为 25，Z Jitter Speed（Z 轴抖动速度）设为 0.1，设置参数如图 6-64 所示，效果如图 6-65 所示。

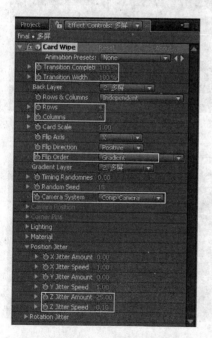

图 6-64　参数设置

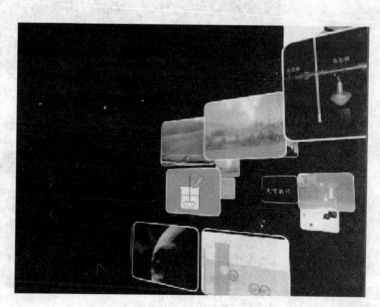

图 6-65　效果图

26 选择"多屏"合成层，调整时间表为 0:00:00:26 秒，单击 Z Jitter Amount（Z 轴抖动量）前面的码表图标，添加第一个关键帧，如图 6-66 所示。

27 调整时间表为 0:00:02:22，设置 Z Jitter Amount 的数值为 0。

28 时间表保持在 0:00:02:22，选择摄像机层，按 P 键展开 Position（位置）属性，再按 Shift+A 组合键同时展开 Point of Interest（焦点）属性。勾选这两个属性前的码表，创建关键帧，如图 6-67 所示。

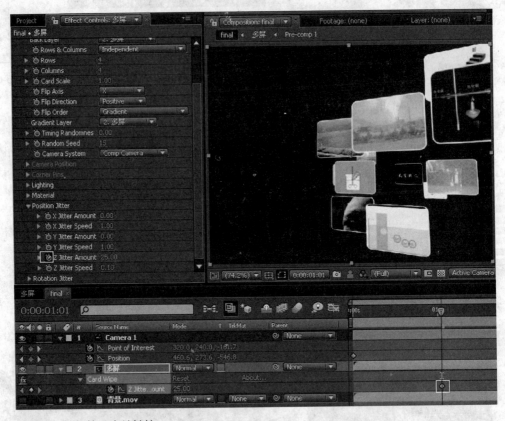

图 6-66 添加第一个关键帧

图 6-67 参数设置

29 使用工具栏中的 Unified Camera Tool（整合摄像机工具）调整当前的视图，拉远摄像机的视角。具体效果如图 6-68 所示。

30 调整时间表为 0:00:00:0，使用整合摄像机工具调整当前的视角，如图 6-69 所示。

图 6-68　调整当前的视图

图 6-69　调整当前的视角

31 选择"多屏"合成层，在特效控制面板中再次调整 Card Wipe（卡片擦除）特效参数。设置 Random Speed（随机速度）的值为 15，然后使用整合摄像机工具再次调整当前的视角，效果如图 6-70 所示。

图 6-70　再次调整当前视角

32 将项目面板中的"背景 .mov"素材拖到时间线面板中，使该层处于最底层。

33 选择"多屏"合成层，单击时间线面板上方的 Graph Editor（图表编辑器）按钮，展开编辑器，调整 Card Wipe（卡片擦除）并将 Z Jitter Amount（Z 轴抖动量）的属性设置为 25。调整时间表为 0:00:00:22，勾选其前面的码表，记录关键帧，单击编辑下的 Convert Selected Keyframes to Auto Bezier（转换选择的关键帧到自动贝塞尔）按钮，调整控制句柄的形态，如图 6-71 所示。

34 制作过程结束，预览效果如图 6-72 所示。

图 6-71　参数设置

35 保存文件，执行 File → Collect Files 命令收集文件。

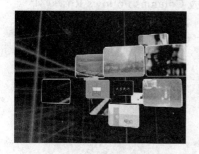  

图 6-72　预览效果图

知识点拨

　　本训练主要应用 Card Wipe（卡片擦除）制作转场特效，使用 Block Dissolve（块状溶解）特效结合白色固态层制作出块状溶解转场和闪白效果，使用 Illustrator 软件结合描边特效制作白色边框效果，使用整合摄像机工具完成最终的摄像机动画。

■ 知识链接　AE主要转场特效

　　AE 主要转场特效如下。

　　1．Block Dissolve（块状溶解）

　　特效概述：Block Dissolve（块状溶解）特效可以在图层画面上产生随机板块溶解的图像。参数详解如下。

　　（1）Transition Completion（变换结束）：转场完成百分比。

　　（2）Block Width（块状宽度）：设置溶解块状的宽度。

　　（3）Block Height（块状高度）：设置溶解块状的高度。

　　（4）Feather（羽化）：块状边缘的羽化值。

　　（5）Soft Edges（Best Quality）（柔化边缘（最好品质））：勾选上后将柔化块状的边缘。

　　2．Card Wipe（卡片擦除）

　　特效概述：Card Wipe（卡片擦除）特效拥有自己独立的摄像机、灯光和材质系统，可以建立多种切换效果，它把图像如小卡片一样拆分开，达到切换的目的。

　　参数详解如下。

　　（1）Transition Completion（变换结束）：控制切换的百分比。

　　（2）Transition Width（变换宽度）：控制在切换过程中使用图像多大的面积进行切换。

　　（3）Back Layer（背面图层）：选择切换以后要出现的图层。

(4) Rows&Columns（行 & 列）：选择使用 Independent（独立）或 Columns Follows Rows（列跟随行）的切换方式。

(5) Rows（行）：设置行的数量。

(6) Columns（列）：设置列的数量。在 Rows&Columns 中选中 Columns Follows Rows 项，此选项就可以被设置。

(7) Card Scale（卡片擦除）：缩放卡片的大小。

(8) Flip Axis（翻动轴）：选择卡片翻动时使用的轴。

(9) Flip Direction（翻动方向）：选择卡片的翻动方向。

(10) Flip Order（翻动顺序）：选择在切换过程中卡片出入场的顺序。

(11) Gradient Layer（渐变图层）：选择一个渐变层。

(12) Timing Randomness（随机时间）：设置使用随机速度的值。

(13) Random Seed（随机种子）：设置随机速度的种子多少，种子越多影响的卡片块就越多。

(14) Camera System（摄像机系统）：设置卡片的各种角度、过程等使用的摄像机系统。

(15) Camera Position（摄像机位置）：设置摄像机的位置、缩入、旋转等参数。

(16) Corner Pins（角度）：在 Camera System 中选中 Corner Pins 才能激活此选项。

(17) Lighting（照明）：设置灯光的类型、强度、范围等。

(18) Material（材质）：设置卡片的材质，主要用于对于光线的反射或处理。

(19) Position Jitter（位置抖动）：设置卡片在原位置上发生抖动，包括速度、数量等。

(20) Rotation Jitter（旋转抖动）：设置卡片在原角度上发生抖动。

3．Gradient Wipe（渐变擦除）

特效概述：Gradient Wipe（渐变擦除）特效是依据两个层的亮度值进行的，其中一个层叫渐变层（Gradient Layer），用它进行参考擦除。

参数详解如下。

(1) Transition Completion（变换结束）：转场完成的百分比。

(2) Transition Softness（变换柔化）：边缘柔化程度。

(3) Gradient Layer（渐变图层）：选择渐变层进行参考。

(4) Gradient Placement（渐变替换）：渐变层的放置，包括居中、平铺和拉伸。

(5) Invert Gradient（反射渐变）：渐变层反向，使亮度参考相反。

4．Iris Wipe（星形擦除）

特效概述：Iris Wipe（星形擦除）特效以辐射状变化显示画面，可以指定作用点、外半径及内半径来产生不同的辐射形状。

参数详解如下。

(1) Iris Center（星形中心）：星形擦除的中心位置。

(2) Iris Points（星形锚点）：设置星形多边形形状。

(3) Outer Radius（外半径）：设置外部半径的大小。

(4)Inner Radius(内半径)：设置内部半径的大小，设置之前必须将Use Inner Radius打开。

（5）Rotation（旋转）：设置旋转角度。

（6）Feather（羽化）：设置边缘柔化。

5．Linear Wipe（线性擦除）

特效概述：Linear Wipe（线性擦除）特效可以产生从某个方向以直线的方式进行擦除的效果，擦除效果和素材的质量有很大关系，在草稿质量下图像边界的锯齿会较明显，在最高质量下经过反锯齿处理，边界会变得平滑。利用此特效，可以设置扫出层中遮罩内容的动画。

参数详解如下。

（1）Transition Completion（变换结束）：转场完成百分比。

（2）Wipe Angle（擦除角度）：设置直线以多大的角度进行擦除。

（3）Feather（羽化）：设置直线边缘的羽化程度。

6．Radial Wipe（放射擦除）

特效概述：Radial Wipe(放射擦除)特效可以在图层的画面中产生放射状旋转的擦除效果。参数详解如下。

（1）Transition Completion（变换结束）：转场完成百分比。

（2）Start Angle（开始角度）：擦除开始的角度大小。

（3）Wipe Center（擦除中心）：擦除时的中心位置。

（4）Wipe（擦除）：擦除类型，可以选择顺时针或逆时针两个方向。

（5）Feather（羽化）：擦除形状的边缘羽化值。

7．Venetian Blinds（百叶窗）

特效概述：Venetian Blinds（百叶窗）特效所产生的擦除动画效果的过程类似百叶窗的开合。

参数详解如下。

（1）Transition Completion（变换结束）：转场完成百分比。

（2）Direction（方向）：设置擦除动作的方向。

（3）Width（宽度）：设置百叶条状的宽度。

（4）Feather（羽化）：设置边缘羽化值的大小。

8．CC Jaws（CC 锯齿）

特效概述：该特效可以以锯齿形状将图像一分为二进行切换，产生锯齿擦除的图像效果。该特效的各项参数含义如下。

（1）Completion（完成）：用来设置图像过渡的程度。

（2）Center（中心）：用来设置锯齿的中心点的位置。

（3）Direction（方向）：设置锯齿的旋转角度。

（4）Height（高度）：设置锯齿的高度。

（5）Width（宽度）：设置锯齿的宽度。

(6) Shape（形状）：用来设置锯齿的形状。从右侧的下拉列表框中可以根据需要选择一种形状来进行擦除。包括 Spikes、RoboJaw、Block 和 Waves 四种形状。

9．CC Twister（CC 扭曲）

该特效可以使图像产生扭曲的效果，应用 Backside(背面)选项可以将图像进行扭曲翻转，从而显示出选择图层的图像。

该特效的各项参数含义如下。

(1) Completion（完成）：用来设置图像扭曲的程度。

(2) Backside（背面）：设置扭曲背面的图像。

(3) Shading（阴影）：选中该复选框，扭曲的图像将产生阴影。

(4) Center（中心）：设置扭曲图像中心点的位置。

(5) Axis（坐标轴）：设置扭曲的旋转角度。

单元小结

视频转场是在不同场景、视频画面之间进行过渡的切换效果，利用 AE 特效转场、预置转场或者自定义转场都可以制作出丰富多彩的视频画面过渡效果。本单元通过具体案例学习了常见转场的制作方法，基本掌握了制作影视转场和应用转场的技能。

单元练习

一、判断

1．AE 视频转场效果也属于特效。 （ ）

2．每个转场特效都有 Transition Completion 参数，可设置百分比值。 （ ）

二、实操

制作顺德美食短片。影视主题：顺德美食。

各素材自行搭配使用，要求丰富的切换效果，经人美的感受。

详细要求：

1) 片头接入要自然，显示主题文字要精彩，展示各菜样图时也应连贯自然。

2) 各菜式有相应字幕介绍、特效、动画等，不能仅是单一平淡的图片展示。

3) 背景声音搭配合理、声音由素材提供。

4) 片尾结束合理、自然、边贯。

5) 片尾字幕提供影片人是"John"，监制单位"顺德胡锦超职业技术学校"，鸣谢："顺德电视台"，并提供制作日期。

6) 在完整完成和充分运用所有素材外，除以上要求外，可以添加你的创意效果及图片等。

7) 片长度为 60 秒。

8) 最终上交作品应包括：源文件；导出的 wmv 格式作品，文件名为 K03。

7

单元七 影视音频处理

单元导读

　　音频是一个专业术语，人类能够听到的所有声音均称为音频，比如谈话声、歌声、乐器发出声音、汽车发出噪声等。这些声音经过采样、量化、编码后以数字信号波形文件的格式保存起来，常见的音频格式有 CD、Wav、MP3、Real Audio、MiDi 等。在电脑中对音频常见的操作有音频淡入、淡出、音调、音量调节、格式转换等。

技能目标

- 音量调节。
- 声音特效。
- 常见音频格式。
- 声音淡入淡出。
- 导出声音设置。
- 给视频配音配乐。
- 音与字幕相同步。

任务一　音频基本操作

　　一个好的影片不但会有好的视觉效果，也离不开声音这个调味剂，没有声音的影片无论其视觉效果多么有冲击力、多么有震撼力，但它总会让人觉得缺少了一种调味的东西，不会让观众长久着迷。音频在影片中所起的作用可分为渲染烘托制造环境气氛、预示剧情、表示剧中人物的心情、电影的音乐形象、解说、独白等。接下来介绍有关音频常见的操作。

训练 1　为视频配解说
——配音对字幕

训练说明　本训练在视频中配上解说音频、字幕，要求视频画面与声音、字幕一一对应，最终把影片导出为 AVI 视频格式的影片。影片的部分镜头如图 7-1 所示。

图 7-1　配解说部分镜头

任务实现

　　01 启动 After Effects CS4。

　　02 新建一个项目文件。选择 File → New → New Project 命令，在新的项目文件中编辑、制作视频。

　　03 导入素材图片文件"1.JPG"、"2.JPG"以及音频文件"解说.wav"。选择 File → Import → File Import 命令，选定需要导入的素材，把需要用到的素材导入到项目文件中，如图 7-2 所示。

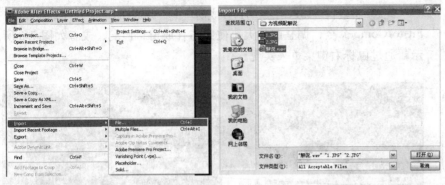

图 7-2　导入素材

04 在项目文件中查看素材文件。在图 7-2 右图中单击"打开"按钮之后，则把素材导入到 Project 项目文件中的 Project 项目面板上，如图 7-3 所示。

图 7-3　素材库面板　　　　　　　　　　图 7-4　新建合成

05 拖动素材声音文件"解说 .wav"到图标 🖺 按钮上，则自动生成一个合成 Comp，接着就可以在合成窗口中对视频进行处理，如图 7-4 所示。

06 快速预览音频。通过快捷键"Ctrl+ 拖动当前时间标记 🕭"或者按小键盘上的数字键"0"快速预览解说音频。通过预听知道该音频有两句话的解说，前四秒、后四秒各一句解说；为了更加好地对字幕，把时间定位到 4 秒，选择 Edit → Split Layer 命令，将该图层音频在 4 秒处切割成前后两段音频，将两句话分隔开，如图 7-5 所示。

图 7-5　裁剪音频

07 将素材"1.JPG"拖动到合成窗口中，并选择 Layer → Transform → Fit to Comp 命令，调整图片大小使其与合成窗口匹配，或者如图 7-6 所示，通过鼠标右键菜单来实现。

小贴士

视频画面必须与声音、字幕匹配对得上才行。

图 7-6　调整图片大小

08 调整图层"1.JPG"开始播放时间，以便画面与声音匹配。把光标移动到"1.jpg"图层色标在时间轴上最右端处，当光标变成↔形状时按下鼠标左键向左拖动，直到把图层的色标最右端拖动到与时间线齐平后再松开鼠标，如图 7-7 所示。

图 7-7　第一个画面与声音匹配

09 使用文字工具 [T] 输入文字"广东省优秀人民警察张广灵"，输入完文字之后设置字体、字体大小、颜色；参照步骤8设置该文字图层时间从0~4秒，如图7-8所示。

图 7-8　输入第一个字幕

10 参照步骤7和步骤8，将图片"2.JPG"拖动到合成面板中，并设置该图层时间为4~8秒，如图7-9所示。

11 参照步骤9继续输入文字"佛山市优秀人民警察陈小滨"，设置该文字图层时间从4秒到8秒，如图7-10所示。

12 按小键盘数字键"0"预览影片，检查音频与画面、字幕是否匹配。

13 导出带音频的影片。选择Composition→Make Movie命令导出动画视频，设置导出视频格式为Windows Media（WMV），勾选上Audio Output（声音输出）左侧的复选框。

14 保存工程文件，选择File→Save命令即可。

15 文件打包，选择File→Collect Files命令。

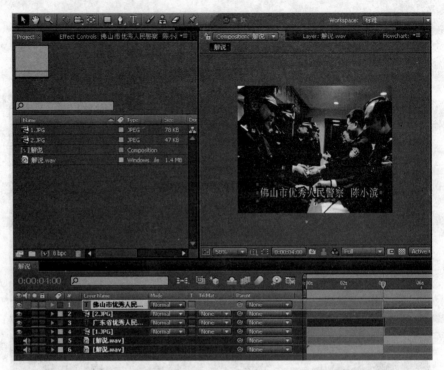

图 7-9 第二个画面与声音匹配

图 7-10 输入第二个字幕

知识点拨

（1）音频图层最左端 音频开关图标按钮，可对声音的开与关进行控制。

（2）按快捷键"Ctrl+拖动当前时间标记 "或者按小键盘上的数字键"0"快速预览音频。

（3）一部完整的影片或者电影肯定会有字幕，字幕要求应该与音频、影片视频画面匹配，否则字幕将失去意义。

（4）声音输出设置如图7-11所示。

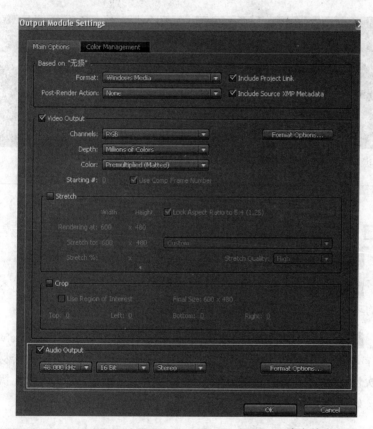

图7-11 声音输出设置

拓展训练

（1）参照样片效果，利用提供素材给视频配声音加字幕。

（2）参照样片效果，利用提供素材制作MTV短片。

训练 2 为颁奖大会配背景音乐
——音量调节、淡入淡出

训练说明 给一段颁奖表彰大会的视频配上背景音乐，要求背景音乐音量远小于宣读表彰名单的声音；并且背景音乐的音量在开始有慢慢进入的过程以及最后有缓慢消失的过程，最终把合成导出为 WMV 视频格式的影片。影片的部分镜头如图 7-12 所示。

图 7-12 部分视频镜头

任务实现

01 启动 After Effects CS4。

02 新建一个项目文件。选择 File → New → New Project 命令，在新的项目文件中编辑、制作视频。

03 导入视频素材"颁奖大会.wmv"及声音素材"music.wav"。选择 File → Import → File Import 命令，拖动需要导入的全部素材，可一次性把需要用到的素材导入到项目文件中，如图 7-13 所示，执行命令，如图 7-14 所示导入素材。

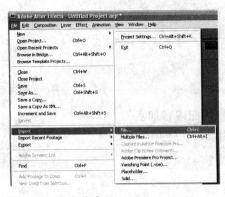

图 7-13 执行命令

图 7-14 导入素材

04 在项目文件中查看素材文件。在图 7-14 中单击"打开"按钮之后，则把素材导入到 Project 项目文件中的 Project 项目面板上，如图 7-15 所示。

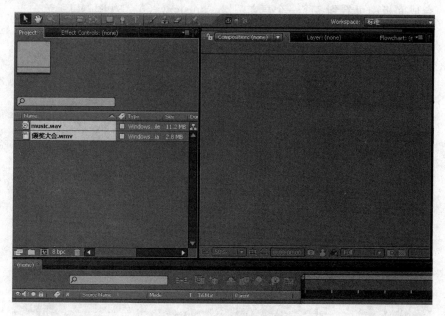

图 7-15　素材库面板

05 拖动素材视频文件"颁奖大会.wmv"到图标按钮 上，则自动生成一个合成 Comp，接着就可以在合成窗口中对视频进行处理，如图 7-16 所示。

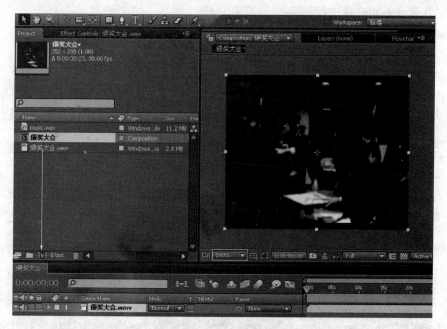

图 7-16　新建合成

06 将声音文件"music.wav"拖动到合成面板中作为影片的背景音乐层。在Project项目面板选中素材"music.wav",然后按下鼠标左键拖到合成面板的图层轨道上(或者拖动到合成窗口)后再松开鼠标,在合成面板中可看到多了一个声音图层"music.wav",如图7-17所示。

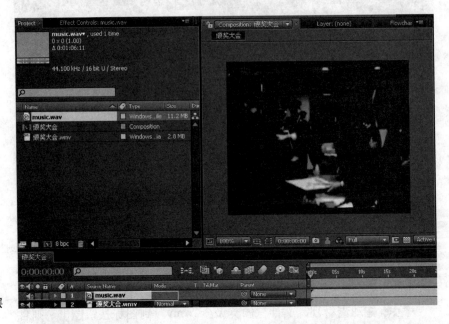

图 7-17 背景音乐层

07 按小键盘数字键"0"预览加上背景音乐之后的影片效果,预览完成后知道背景音乐的音量明显大于宣读表彰名单的音量,下面需对背景音乐的音量进行调整。

图 7-18 调整背景音乐音量

08 调整影片背景音乐层的音量。用鼠标选中音乐图层"music. wav"，单击其左侧图标"▶"展开该图层的属性 Audio → Audio Levels，设置其属性值为"-26dB"，如图 7-18 所示。

09 背景音乐淡入淡出设置。在时间线 00:00:02:00 与 00:00:28:00 处给 Audio Levels 创建关键帧，其属性值无需修改；在时间线 00:00:00:00 与 00:00:30:21 处也分别给 Audio Levels 创建关键帧，这两个时刻 Audio Levels 的属性值均设置为"-100dB"；从而实现在 00:00:00:00 到 00:00:02:00 背景音乐有淡入过程，00:00:28:00 到 00:00:30:21 背景音乐有淡出过程，在 00:00:02:00 到 00:00:28:00 背景音音量平稳。4 个关键帧创建如图 7-19 所示。

图 7-19　淡入淡出设置

10 按小键盘上数字键"0"预览关键帧动画效果。

11 导出带声音的影片。选择 Composition → Make Movie 命令导出动画视频，设置导出视频格式为 Windows Media（WMV），勾选上 Audio Output（声音输出）左侧的复选框。

12 选择 File → Save 命令，保存视频工程源文件。

13 打包文件。接着选择 File → Collect Files 命令。

⊐□ 拓展训练

（1）参照样片效果，利用提供的素材为片头加上背景音乐。

（2）参照样片效果，利用提供的素材为视频配上背景音乐，要求有淡入淡出过程。

任务二 │ 音频特效应用

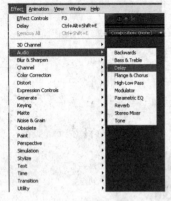

图 7-20 AE 音频特效

After Effects 提供了几种主流的音频特效，如回声特效，通过控制时间来实现各种室内效果，通过高低音特效控制以去除交通噪音，通过调节器特效制作震音或颤音，又如利用音调特效改变以隐藏说话者的身份、音量调节、音质控制等。在菜单 Effect → Audio 中列出了 After Effects 所提供的音效，如图 7-20 所示。其中有 BackWards（倒播）、Bass & Treble（低音 & 高音）、Delay（延迟）、Flange & Chorus（变调 & 合成）、Hight-Low Pass（高低音）、Modulator（调节器）、Parametric EQ（EQ 参数）、Reverb（回声）、Stereo Mixer（立体声混合）、Tone（音质）等。

训练 3 制作演唱会回音效果
—— 回音特效

训练说明 给演唱会视频的声音添加回音效果，要求回音大小、音量、延迟时间合适，最终把合成导出为 WMV 视频格式的影片。影片的部分镜头如图 7-21 所示。

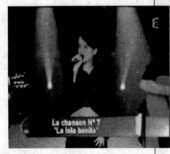

图 7-21 部分视频镜头

任务实现

01 启动 After Effects CS4。

02 新建一个项目文件。选择 File → New → New Project 命令，在新的项目文件中编辑、制作视频。

03 导入视频素材"演唱会 .wmv"。选择 File → Import → File Import 命令，选中需要导入的全部素材，可一次性把需要用到的素材全部导入到项目文件中，如图 7-22 所示。

图 7-22　导入素材

04 在项目文件中查看素材文件。在图 7-22 右图中单击"打开"按钮之后，则把素材导入到 Project 项目文件中的 Project 项目面板上，如图 7-23 所示。

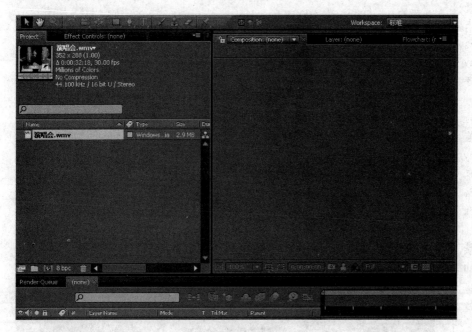

图 7-23　素材库面板

05 拖动素材视频文件"演唱会 .wmv"到图标按钮 圖 上，则自动生成一个合成 Comp，接着就可以在合成窗口中对视频进行处理，如图 7-24 所示。

图 7-24　新建合成

06 按小键盘数字键"0"预览影片原有声音效果，预览完成后知道原有声音是没有回音效果的，下面需给原有声音添加回音特效。

07 给原有声音添加回音特效。选中图层"演唱会.wmv"，选择 Effect → Audio → Delay 命令，添加音频特效 Delay（延迟效果）；接着设置 Delay Time 为 400 毫秒，Delay Amount 为 60% 延时量，如图 7-25 所示。

小贴士

Delay（延迟特效）有 5 个属性用来调节控制声音的延迟效果，其中 Delay Time 设置原始声音与延迟声音之间的时间间隔，以毫秒为单位，它的默认值为 500 毫秒；Delay Amount 设置声音延迟量，默认延迟 50% 的声音；FreedBack 控制回音反馈数量，数值越高回音的延续时间越长；Dry Out 控制原始声音的输出量；Wet Out 控制修改后声音的输出量。

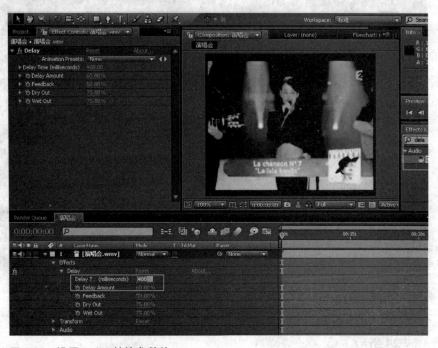

图 7-25　设置 Delay 特效参数值

08 按小键盘上数字键"0"预览添加特效之后的音频效果。

09 导出带声音的影片。选择 Composition → Make Movie 命令导出动画视频，设置导出视频格式为 Windows Media（WMV），勾选上 Audio Output（声音输出）左侧的复选框。

10 选择 File → Save 命令，保存视频工程源文件。

11 打包文件。选择 File → Collect Files 命令。

知识点拨

某单 Effect → Audio 中列出了 After Effects 所提供的音效。

Delay（延迟特效），是在一个指定的时间后重复音频的特效，有五个属性用来调节控制声音的延迟效果。

拓展训练

（1）参照样片效果，利用提供的声音素材添加回音效果。

（2）参照样片效果，利用提供视频的声音素材添加回音效果。

（3）参照样片效果，利用高低音分离特效减少视频素材中噪声。

训练 4 改变说话人的音调
——去杂音，改变音调

训练说明 通过 After Effects 的音频特效 Hight-Low Pass（高低音）把室外拍摄视频带有的杂音去掉；再用特效 Modulator（调节器）来改变音频频率，达到改变声音的音调。如在新闻媒体采访举报者时，为了隐藏举报者身份，在新闻后期制作中对声音进行变调处理。影片的部分镜头如图 7-26 所示。

图 7-26　部分视频镜头

□任务实现

01 启动 After Effects CS4。

02 新建一个项目文件。选择 File → New → New Project 命令，在新的项目文件中编辑、制作视频。

03 导入视频素材"举报.wmv"。选择 File → Import → File Import 命令，拖动需要导入的全部素材，可一次性把需要用到的素材全部导入到项目文件中，如图 7-27 所示。

图 7-27 导入素材

图 7-28 素材库面板

04 在项目文件中查看素材文件。在图 7-27 右图中单击"打开"按钮之后，则把素材导入到 Project 项目文件中的 Project 项目面板上，如图 7-28 所示。

05 拖动素材视频文件"举报.wmv"到图标按钮 上，则自动生成一个合成 Comp，接着就可以在合成窗口中对视频进行处理，如图 7-29 所示。

06 按小键盘上的数字键"0"预览影片原有声音效果，预览完后知道原有声音是正常说话声但是杂音很明显，下面给原有音频添加特效 Hight-Low Pass（高低音）去除杂音、特效 Modulator（调节器）改变音调。

图 7-29　新建合成

07 给原有声音添加特效 Hight-Low Pass（高低音）去除杂音。选中图层"举报.wmv"，选择 Effect → Audio → Hight-Low Pass 命令添加音频特效。接着把 Filter Options 设置为 Low Pass，把 Cutoff Frequency 设置为 400，如图 7-30 所示。按小键盘上的数字键"0"预览过滤掉杂音后的音频效果，可听到声音比原来清晰流利了很多。

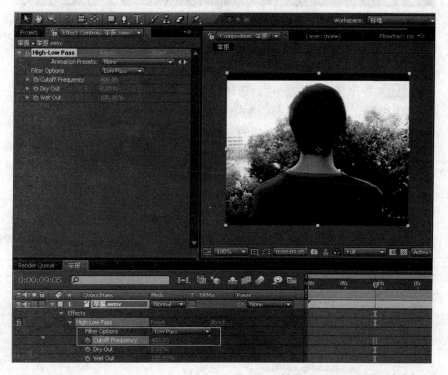

图 7-30　设置 Hight-Low Pass 过滤杂音

> **小贴士**
>
> 特效 Hight-Low Pass 可以去掉低频或高频杂音，达到改善音质的目的。

08 给原有声音添加特效 Modulator（调节器）改变音调。选中图层"举报 .wmv"，选择 Effect → Audio → Modulator 命令添加音频特效，接着把 Modulation Rate 设置为 46，如图 7-31 所示。按小键盘上的数字键"0"预览音频效果，可听到音调发生了改变。

图 7-31　设置 Modulator（调节器）改变音调

09 按小键盘上数字键"0"预览添加特效之后的音频效果。

10 导出带声音的影片。选择 Composition → Make Movie 命令导出动画视频，设置导出视频格式为 Windows Media（WMV），勾选上 Audio Output（声音输出）左侧的复选框。

11 选择 File → Save 命令保存视频工程源文件。

12 打包文件。选择 File → Collect Files 命令。

知识点拨

Hight-Low Pass（高低音）去除室外拍摄出来影片中带有的杂音。

Modulator特效改变音调。

拓展训练

参照样片效果，改变素材的音调。

单元小结

本单元主要学习了 After Effects 音频处理操作以及音频特效的应用，影视后期制作是声音与画面艺术结合的产物。

单 元 练 习

一、判断

1. 在 After Effects 中要对音频进行裁剪是做不到的。 （ ）

2. 要对声音的音量进行调整，只要选中含有声音的图层，接着修改图层的 Audio → Audio Levels 的属性值即可。 （ ）

3. 要对 After Effects 影片的视频静音，单击图层左端的"🔊"图标按钮以实现声音开与关。 （ ）

二、填空

预览合成面板中音频，其快捷键是"____+拖动当前时间标记🔊"或者按下小键盘上的数字键 ____ 快速预览声音。

三、实操

1. 对素材音量进行调整，使其音量变大。

2. 给影片加上背景音乐。

3. 给音频增加伴唱效果。

4. 改变素材的音调。

单元八　制作 3D 影视效果

单元导读

　　三维场景特效是影视中常用的立体表现手法，利用 After Effect 中的插件可以制作出诸如立体文字、三维飞行、镜头穿梭等各种三维效果。

技能目标

- 了解三维空间的意义。
- 掌握 Basic 3D 的制作方法。
- 掌握 3D Layer 的设置。
- 了解摄像机层、灯光层的含义。
- 掌握摄像机位置及灯光的位置控制。

任务一 | 应用 3D 图层

在合成面板的控制窗口中，可以利用"3D Layer"控制钮打开 / 关闭图层的 3D 属性，图层具有了 3D 属性之后才可以对图层内容进行三维的调整和特效应用，如图 8-1 所示。

图 8-1 3D 图层

训练 1 制作 3D 光效
——实现 3D 特效

训练说明 利用 Polar Coordinates 制作圆环，利用 Transform 中的 Rotation 属性制作旋转的光环效果，Basic 3D 可以实现光环的三维效果。其中影片部分镜头如图 8-2 所示。

图 8-2 3D 光效部分镜头

任务实现

01 按 Ctrl+N 组合键，弹出 Composition Settings 对话框，在 Composition Name 文本框中输入"光线"，其他选项的设置如图 8-3 所示，单击 OK 按钮，创建一个新的合成"光线"。

02 选择 Layer → New → Solid 命令，在 Name 中输入"光线"，颜色设置为白色，其他参数设置如图 8-4 所示，创建一个新的固态层。

图 8-3　新建一个合成命名为"光线"　　　　图 8-4　新建一个固态层命名为"光线"

03 选择工具栏上的 Rectangle Tool 工具，并在"光线"图层上绘制小长方形的形状，设置 Mask Feather 属性为（100，10），如图 8-5 所示。

图 8-5　绘制一线条

04 选中"光线"层，按 Ctrl+D 组合键，复制一层，并命名为"内光线"，选中"内光线"层，按 S 键，设置 Scale 属性值为 80%，并移动到适当位置。效果如图 8-6 所示。

05 按 Ctrl+N 组合键，新建合成"光环"，参数设置如图 8-7 所示，在 Project 面板中将光线合成拖入时间轴。

06 选择光线层，选择 Effect → Distort → Polar Coordinates 命令，设置 Interpolation 为 100%，设置 Type of Conversion 为 Rect to Polar。参数设置以及效果如图 8-8 所示。

图 8-6 复制一个层命名为"内光线"

图 8-7 新建一个合成命名为"光环"

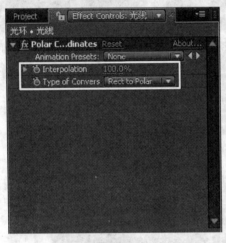

图 8-8 应用特效制作光环

07 按 R 键展开 Rotation 属性，将时间轴定位于 0 秒，按 Rotation 左边的码表创建关键帧，如图 8-9 所示；将时间轴定位于 9:24 秒，设置 Rotation 的值为 10，如图 8-10 所示。

图 8-9 Rotation 第一关键帧

图 8-10 Rotation 第二关键帧

08 按 Ctrl+N 组合键，新建合成，命名为"最终合成"，其他参数如图 8-11 所示。将光环拖入到时间轴，效果如图 8-12 所示。

09 选中"光环"层，按 Ctrl+D 组合键三次，复制三个相同的图层。分别命名为"光环 1"、"光环 2"、"光环 3"、"光环 4"，效果如图 8-13 所示。

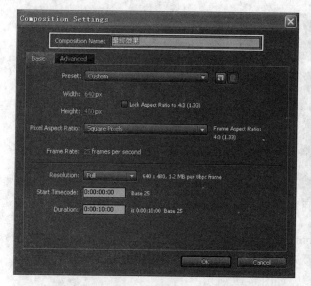

图 8-11　新建合成命名"最终合成"

图 8-12　合成效果

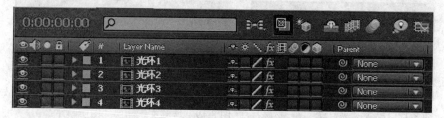

图 8-13　连续复制三个光环图层

10 选中"光环1"，选择Effect→Obsolete→Basic 3D命令，设置Swivel为120，Tilt为-45，如图8-14所示。选中"光环2"，选择Effect→Obsolete→Basic 3D命令，设置Swivel为-45，Tilt为-100，如图8-15所示。选中"光环3"，选择Effect→Obsolete→Basic 3D命令，设置Swivel为-70，Tilt为-45，如图8-16所示。调整后的效果如图8-17所示。

图 8-14　"光环 1"图层应用 Basic3D 特效　　图 8-15　"光环 2"图层应用 Basic3D 特效

图 8-16　"光环 3"图层应用 Basic3D 特效　图 8-17　最终效果

11 选择 Horizontal Type Tool，在光环中央输入"光"字，设置字体为"STLiti"，字号为 100，颜色值为（40，200，20），如图 8-18 所示，将光图层放置在最底层，如图 8-19 所示。

图 8-18　输入"光"字

图 8-19　调整文字图层的图层顺序

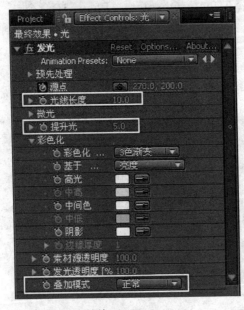

图 8-20　发光特效

12 选中"光"层，选择 Effect → TrapCode → "发光"命令，设置光线长度为 10，提升光为 5，叠加模式为"正常"，其他参数如图 8-20 所示。

13 将时间轴定位于 0 秒，按下点左边的码表，设置源点为（270，200）；将时间轴定位于 2 秒，按下源点左边的码表，设置源点为（360，200）；将时间轴定位于 4 秒，按下源点左边的码表，设置源点为（360，280）；将时间轴定位于 6 秒，按下源点左边的码表，设置源点为（270，280）；将时间轴定位于 8 秒，按下源点左边的码表，设置源点为（320，240）。

14 Basic 3D 光效制作完成，如图 8-21 所示。

图 8-21　最终效果

知识点拨

利用Mask工具可以绘制类似于填充的矩形，而其中的Mask Feather参数可以让矩形得到充分的羽化，之所以有类似于光线的旋转，是因为有了非闭合的双环产生的效果。

Polar特效可以让矩形变成圆环形状，也可以让圆环形状变成矩形的形状。

TrapCode特效集是AE的外置特效，读者需要自行下载安装。

拓展训练

（1）参照本例中给定的方法，修改 Swivel 参数，实现光环整体 360 度的旋转。

（2）参照本例制作出的实例，制作一个飞行中的光环。

训练2　飞舞的蝴蝶效果

——3D 图层以及沿着路径运动

训练说明　利用 3D Layer 中设置坐标旋转实现蝴蝶的翅膀旋转，利用左右翅膀的同时转动产生如飞行时的运动效果。影片部分镜头如图 8-22 所示。

图 8-22　飞舞的蝴蝶部分镜头

任务实现

01 选择 File → Import → File 命令，在 Import File 对话框中选择 "蝴蝶飞舞" → Footage → "蝴蝶" 图片，单击"打开"按钮；在弹出的对话框中，设置 Import Kind 为 Composition-Cropped Layers，如图 8-23 所示。单击 OK 按钮新建一个蝴蝶合成，双击打开蝴蝶合成。

 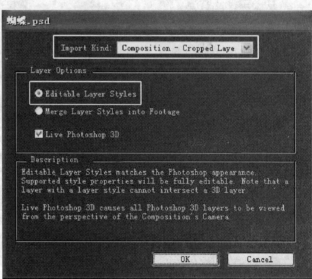

图 8-23　导入素材

图 8-24　打开 3D Layer 开关

图 8-25　设置左边翅膀 Transform

02 打开图层 2、图层 3 的 3D Layer 开关，如图 8-24 所示。

03 选中图层 2，单击图层 2 左边的三角形打开图层的属性设置，如图 8-25 所示；设置左翅膀的 Anchor Point 为（48，36，0），Position 为（46.5，49，0），其他选项设置如图 8-26 所示。选中图层 2，设置右翅膀的 Anchor Point 为（0，35，0），Position 为（53.5，51，0），其他选项设置如图 8-27 所示。

04 选择图层 2，按 R 键展开 Rotation 属性，将时间轴定位于 0 秒，按下 Y Rotation 左边的码表创建关键帧，设置 Y Rotation 的值为 0x-70°，将时间标签放置在 0:12 秒的位置，设置 Y Rotation 的值为 0，其他时间的设置如表 8-1 所示。

图 8-26　设置左、右翅膀 Transform

图 8-27　其他设置

表8-1　其他时间设置数值

时间/秒	0	0:12	0:24	1:12	1:24	2:12	2:24	0:12	0:24	1:12	1:24	2:12	2:24
YRotation	−70	0	−70	0	−70	0	−70	0	−70	0	−70	0	−70

05 选择图层 3，按 R 键展开 Rotation 属性，将时间轴定位于 0 秒，按下 Y Rotation 左边的码表创建关键帧，设置 Y Rotation 的值为 0x70，将时间标签放置在 0:12 秒的位置，设置 Y Rotation 的值为 0，其他时间的设置如表 8-2 所示，效果如图 8-28 所示。

表8-2　时间设置数值

时间/秒	0	0:12	0:24	1:12	1:24	2:12	2:24	0:12	0:24	1:12	1:24	2:12	2:24
YRotation	70	0	70	0	70	0	70	0	70	0	70	0	70

图 8-28　效果图

图 8-29　设置参数

06 按 Ctrl+N 组合键，弹出 Composition Setting 对话框，在 Composition Name 对话框中输入"蝴蝶飞舞"，其他选项设置如图 8-29 所示。选择 File → Import → File 命令，在 Import File 对话框中选择"蝴蝶飞舞"→ Footage →"背景"图片，单击"打开"按钮，并将其拖拽到时间轴面板中，按 Ctrl+Alt+F 组合键，使图片适合合成大小。

07 将蝴蝶合成拖拽到时间轴，并放置在背景图层之上，选择 Window → Motion Sketch 命令，打开 Motion Sketch 面板，在对话框中设置参数，如图 8-30 所示，单击 Start Capture 按钮。当合成窗口中的鼠标指针变成十字形状时，在窗口中绘制运动路径，如图 8-31 所示。

图 8-30　添加特效 Motion Sketch

图 8-31　绘制路径

08 选中蝴蝶图层，选择"Layer → Transform → Auto-Orientation"命令，设置参数为 Orient Along Path，如图 8-32 所示。

09 选中蝴蝶图层，按 Ctrl+D 组合键复制图层，重复步骤 7 和步骤 8 制作第二只蝴蝶的动画，如图 8-33 所示。

10 蝴蝶飞舞动画制作完成。

图 8-32　参数设置

图 8-33　复制多只蝴蝶

☐ 拓展训练

（1）根据本例中的制作方法，制作一个小狗奔跑的运动动画。

（2）制作小狗捕蝶动画。

任务二　应用灯光和摄像机

三维空间中，光线的表现可以直接体现出物体在运动过程中的方向与真实感，如平常在生活中见到的平行光（太阳光）、点光源等，通过对物体的照射体现出物体表面的方向。

After Effect 中的摄像机工具可以模拟真实摄像机的光学特性，产生各种拍摄时的效果，诸如推镜头、拉镜头、晃镜头等，在 After Effect 中很容易制作出来。选择 Layer → New → Camera 命令即可建立摄像机，如图 8-34 所示。

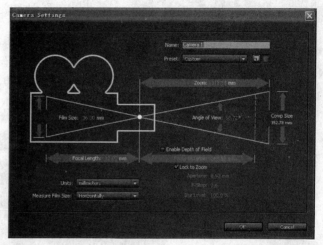

图 8-34　摄像机

训练 3　飞行相册
　　　　　　——摄像机

■ 训练说明　飞行相册利用摄像机的位置运动产生镜头的移动，类似的效果在很多三维相册中可以见到，制作过程中通过设置图片的三维坐标，使图片在三维空间中处理不同的位置，利用摄像机的位置变化产生运动，从不同的角度投射到相册中，实现镜头的推拉。其中影片部分镜头如图 8-35 所示。

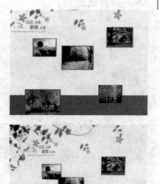

图 8-35　飞行相册部分镜头效果

任务实现

图 8-36 导入图片

01 选择 File → Import → File 命令，在弹出的 Import File 对话框中选择"三维相册"→ Footage → 1、2、3、4、5"图片，单击"打开"按钮导入图片，如图 8-36 所示。

02 按 Ctrl+N 组合键，弹出 Composition Settings 对话框，在 Composition Name 文本框中输入"图片 1"，如图 8-37 所示，新建一个合成。将"1.jpg"文件拖拽到时间轴，按 Ctrl+Alt+F 组合键，使图片适应合成大小。效果如图 8-38 所示。

03 选择 Layer → New → Solid 命令，新建一个固态层，在 Name 文本框中输入"边框"，颜色设置为灰色（100，100，100），如图 8-39 所示，并将边框图层置于"1.jpg"图层下面，如图 8-40 所示。

图 8-37 参数设置

图 8-38 效果图

图 8-39 设置边框颜色

图 8-40 调整边框层次

04 选择"1.jpg"图层,按 S 键打开缩放属性,设置缩放比例为75%,如图 8-41 所示。

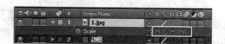

图 8-41　设置缩放

05 利用同样的方法制作"图片 2"、"图片 3"、"图片 4"、"图片 5"合成,分别放置为"2.jpg"、"3.jpg"、"4.jpg"、"5.jpg",如图 8-42 所示。

06 按 Ctrl+N 组合键,弹出 Composition Settings 对话框,在 Composition Name 文本框中输入"相册",如图 8-43 所示,新建一个合成。将图片 1、图片 2、图片 3、图片 4、图片 5 这 5 个合成拖拽到时间轴,调整图层的顺序,如图 8-44 所示。

07 同时选中所有图层,按 S 键展开缩放比例属性,设置值为 20%,如图 8-45 所示,效果如图 8-46 所示。

08 打开所有图层的"3D Layer"属性,如图 8-47 所示。

图 8-42　处理完所有图片

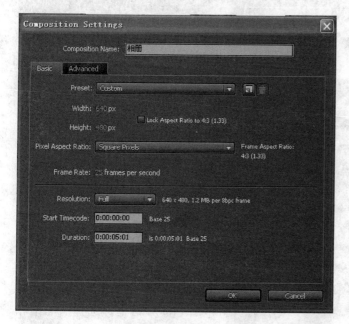

图 8-43　设置参数

图 8-44　调整图层顺序

图 8-45　设置缩放比例

图 8-46　效果图

图 8-47　所有层的"3D Layer"

09 选中图片1，按P键展开位置属性，设置位置值为（190，380，–200）；选中图片2，按P键展开位置属性，设置位置值为（130，160，160）；选中图片3，按P键展开位置属性，设置位置值为（510，120，45）；选中图片4，按P键展开位置属性，设置位置值为（480，400，130）；选中图片5，按P键展开位置属性，设置位置值为（310，220，–100）。设置如图8-48所示，效果如图8-49所示。

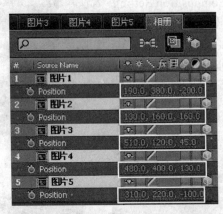

图8-48 参数设置

图8-49 效果图

图8-50 参数设置

图8-51 层次调整

10 选择Layer → New → Solid命令，打开新建固态层对话框，在Name中输入Floor，颜色设置为灰色（100，100，100），如图8-50所示，将Floor图层放置在最下面，打开Floor图层的"3D Layer"属性，如图8-51所示。

11 选中Floor图层，设置Position属性值为（320，500，110），设置Scale值为（150%，150%，150%），设置X Rotation属性值为-70，如图8-52所示。

12 选择File → Import → File命令，打开Import File对话框，选择"三维相册" → Footage → "背景"图片，导入背景图片，将背景图片拖拽到时间轴，并放置于Floor图层之下。打开背景图层的"3D Layer"属性。

13 选择背景图层，按P键展开Position属性，设置Position属性值为（320，240，300），如图8-53所示。

图 8-52 参数设置

图 8-53 设置背景图片的位置

14 选择 Layer → New → Camera 命令，打开 Camera Setting 对话框，设置 Present 选项值为 50mm，其他选项如图 8-54 所示。

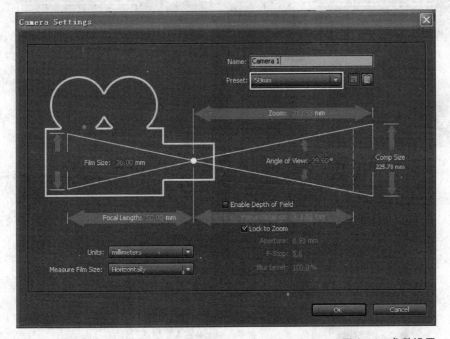

图 8-54 参数设置

15 选择"Camera 1"图层，展开所有的属性选项，把时间标签定位在 0 秒，在 Point of Interest 和 Position 属性左边单击码表，创建关键帧，如图 8-55 所示。

16 移动时间标签到 01：00 秒位置处，设置 Point of Interest 的值为（512，100，580），Position 的值为（512，100，−320），如图 8-56 所示。移动时间标签到 02：00 秒位置处，设置 Point of Interest 的值为（350，180，−45），Position 的值为（530，100，−1000），如图 8-57 所示。移动时间标签到 03：00 秒位置处，设置 Point of Interest 的值为（300，180，600），Position 的值为（−70，200，−800），如图 8-58 所示。移动

时间标签到 04:00 秒位置处，设置 Point of Interest 的值为（1000，120，1600），Position 的值为（288，188，70），如图 8-59 所示。移动时间标签到 05:00 秒位置处，设置 Point of Interest 的值为（300，220，220），Position 的值为（280，250，-1000），如图 8-60 所示。

图 8-55 创建关键帧

图 8-56 设置参数 1

图 8-57 设置参数 2

图 8-58 设置参数 3

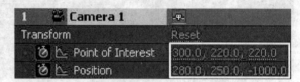

图 8-59 设置参数 4

图 8-60 设置参数 5

17 三维相册制作完成。最终效果如图 8-61 所示。

图 8-61 效果图

知识点拨

在摄像机的设置过程中，我们可以不停地变换角度来观察得到的效果，其中摄像机的视角有如下几种。

Active Camera：指当前摄像机的正面视角。

Front：摄像机的前视角，默认情况下，它与 Active Camera 的效果是一样的。

Top：摄像机的顶视图。

Left：摄像机的左视图。

Right：摄像机的右视图。

Back：摄像机的后视图。

Bottom：摄像机的底视图。

在三维类动画的设计中，3D Layer 的开关十分重要，直接影响到最后的效果。

把摄像机的方向与灯光的方向调整成一致后，事个图像在最后才不会出现有阴暗的效果。

拓展训练

（1）利用本任务中的制作方法，制作一个展示学校风景的电子相册。

（2）给相册中添加不同的背景图像，并且让背景不停地移动，产生行走的相册效果。

训练 4 立体行走效果
—— 灯光与摄像机

训练说明 飞行效果利用灯光的照射、摄像机的运动，产生不同角度的查看视角，使图片投影到固态层上。利用灯光的投影效果可以使摄像机在运动的过程中依照图片的角度推拉镜头，产生如飞行般的效果。其中影片部分镜头如图 8-62 所示。

图 8-62 空间行走部分镜头效果

任务实现

01 选择 File → Import → File 命令，弹出导入素材对话框，选择"飞行效果" → Footage → "房屋"图片，单击"打开"按钮，如图 8-63 所示。

02 将房屋图片拖到时间轴，新建一个合成。在新建的合成上右击，在弹出的快捷菜单中选择 Composition Settings... 命令，如图 8-64 所示。在打开的 Composition Settings 对话框中设置 Composition Name 为"行走效果"，Duration 持续时间为 5 秒，如图 8-65 所示。

03 按 Ctrl+Y 组合键，新建一个固态层，在 Name 文本框中输入 wall，颜色设置为白色。如图 8-66 所示。

图 8-63 "打开"图片

图 8-64 选择命令

图 8-65 设置参数

图 8-66 新建固态层的参数设置

04 选中 wall 图层，选择 Effect → Generate → Grid 命令特效，为 wall 图层添加网格特效。效果如图 8-67 所示。

05 选择 wall 图层，按 Ctrl+D 组合键，复制出一个新的图层，并将新复制的图层重命名为 floor，如图 8-68 所示。

06 打开 wall 和 floor 两个图层的 "3D Layer" 属性，如图 8-69 所示。单击 floor 图层左边的三角形，展开 floor 图层的 Transform 属性，如图 8-70 所示。设置 Orientation 值为（90，0，0），Position 值为（639.5，684，–342），如图 8-71 所示。单击 wall 图层左边的三角形，展开 wall 图层的 Transform 属性，设置 Position 属性值为（639.5，248，0），其他参数如图 8-72 所示。

07 选择 Layer → New → Camera 命令，弹出 Camera Settings 对话框，设置 Preset 选项值为 50mm，其他选项如图 8-73 所示。

08 选择 Layer → New → light... 命令，弹出 Light Settings 对话框，设置 Light Type 的值为 Point，Intensity 值为"100%"，Color 值为白色（255，255，255），选中 Casts Shadows 选项，其他选项如图 8-74 所示。

图 8-67　添加网格特效

图 8-68　复制图层

图 8-69　参数设置 1

图 8-70　参数设置 2

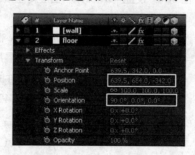

图 8-71　参数设置 3

图 8-72　参数设置 4

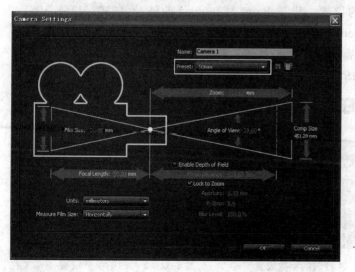

图 8-73　参数设置

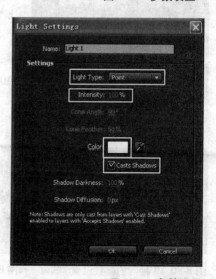

图 8-74　参数设置

09 选择 Camera 1 图层，单击▶按钮展开图层 Transform 属性，设置 Position 属性值为（320.3，251，–1558.2），Point of Interest 的值为（658，405.9，178.9），选中 Position 按 Ctrl+C 组合键复制属性值，选择 Light 1 图层，按 Ctrl+V 组合键粘贴属性值，如图 8-75 所示。

10 选择房屋图层，打开图层"3D Layer"属性，单击 ▶ 按钮展开图层 Transform 属性，设置 Position 值为（366.2，268.3，–367.4），"Scale"值为 12.4，如图 8-76 所示。

11 选择"Camera 1"图层，单击图层左边 ▶ 按钮展开图层"Transform"属性，将时间标签放置在 0 秒的位置，单击"Point of Interest"和"Position"左边的码表 创建关键帧，如图 8-77 所示。

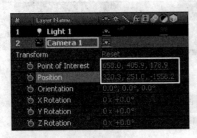

图 8-75　复制属性值

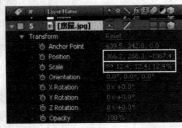

图 8-76　设置"3D Layer"图层属性

图 8-77　设置"Camera1"图层属性

图 8-78　1 秒时的参数设置

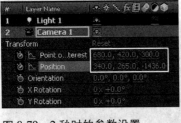

图 8-79　2 秒时的参数设置

12 将时间标签放置在 1 秒的位置，设置 Point of Interest 的值为（640，420，280），Position 的值为（310，268，–1460），如图 8-78 所示；将时间标签放置在 2 秒的位置，设置 Point of Interest 的值为（680，420，300），Position 的值为（340，265，–1436），如图 8-79 所示；将时间标签放置在 3 秒的位置，设置 Point of Interest 的值为（700，420，265），Position 的值为（360，266，–1473），如图 8-80 所示；将时间标签放置在 4 秒的位置，设置 Point of Interest 的值为（730，426，305），Position 的值为（393，270，–1430），如图 8-81 所示；将时间标签放置在 5 秒的位置，设置 Point of Interest 的值为（660，408，195），Position 的值为（321，252，–1545），如图 8-82 所示。

13 行走效果制作完成。

图 8-80　3 秒时的参数设置

图 8-81　4 秒时的参数设置

图 8-82　5 秒时的参数设置

知识点拨

立体行走使用了摄像机投影这一特殊的效果制作行走的动画，在视觉感观上可以使观众看到好像真正的摄像机移动一样，投影不仅是移动摄像机，摄像机因为角度问题产生的倾斜也可以表现出来。

投影需要建立两个不同的投影面，一个是墙面，一个是地面，两个面投影后的效果角度是不一样的。

墙面与地面之间的角度及倾斜应该与图片中的一致，产生的效果才会更逼真。

拓展训练

（1）利用摄像机，制作一个动画长廊，要求利用投影的方法完成。

（2）制作在月球行走效果。

训练 5 三维盒子

——3D Layer 的应用

训练说明 三维盒子利用6张不同的照片组合成一个完整的立体盒子效果，其中对图层的 Anchor Point 及 Position 两个属性需要特别理解，盒子的关闭与展开利用了子父链接，摄像机的运动可以使盒子以不同角度和方向呈现。其中影片部分镜头如图8-83所示。

图 8-83 三维盒子部分镜头效果

任务实现

图 8-84　其他选项设置

01 按 Ctrl+N 组合键，创建一个新的合成并命名为"三维盒子"，其他选项设置如图 8-84 所示。选择 File → Import → File 命令，弹出 Import File 对话框，选择"三维盒子"→1、2、3、4、5、6 图标，单击"打开"按钮。

02 将导入的 6 个图片文件拖拽到"三维盒子"合成中，按顺序排序图层，打开所有图层的"3D Layer"属性，如图 8-85 所示。

03 选择"2.jpg"图层，展开图层的 Transform 属性，设置 Anchor Point 属性值为（50，25，0），Position 属性值为（295，240，0），Y Rotation 属性值为 –90，如图 8-86 所示。

04 选择"3.jpg"图层，展开图层的 Transform 属性，设置 Anchor Point 属性值为（0，25，0），Position 属性值为（345，240，0），Y Rotation 属性值为 90，如图 8-87 所示。

图 8-85　"3D Layer"的属性

图 8-86　设置"2.jpg"图层属性

图 8-87　设置"3.jpg"图层属性

05 选择"4.jpg"图层，展开图层的 Transform 属性，设置 Anchor Point 属性值为（25，0，0），Position 属性值为（320，265，0），Y Rotation 属性值为 –90，如图 8-88 所示。

图 8-88　设置"4.jpg"图层属性

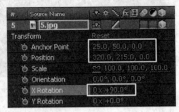

图 8-89　设置"5.jpg"图层属性

06 选择"5.jpg"图层，展开图层的 Transform 属性，设置 Anchor Point 属性值为（25，50，0），Position 属性值为（320，215，0），Y Rotation 属性值为 90，如图 8-89 所示。

07 选择 "6.jpg" 图层，打开图层的 Parent 属性开关，如图 8-90 所示。选择 "6.jpg" 图层的 Parent 属性值为 "5.jpg" 图层，如图 8-91 所示。

图 8-90 设置 "6.jpg" 和 "5.jpg" 的关系命令　　　　图 8-91 设置 "6.jpg" 和 "5.jpg" 的关系

08 选择 "6.jpg" 图层，展开图层的 Transform 属性，设置 Anchor Point 属性值为（25，50，0），Position 属性值为（25，0，0），Y Rotation 属性值为 90，如图 8-92 所示。

09 按 Ctrl+Y 组合键，在打开的 "Solid Settings 中设置 Name 值为背景"，其他选项如图 8-93 所示；把背景图层拖动到 "6.jpg" 图层的下面，如图 8-94 所示。

图 8-92 设置 "6.jpg" 的属性

10 选中背景图层，选择 Effect → Generate → Ramp 命令特效，设置 Start of Ramp 的值为（320，244），End of Ramp 的值为（642，478），Start Color 的值为暗红色（100，0，0），End Color 的值为灰色（50，50，50），Ramp Shape 的值为 Radial Ramp，如图 8-95 所示。

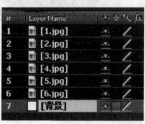

图 8-93 "背景" 参数设置　　图 8-94 "背景" 层次调整　　图 8-95 "背景" 设置

11 选择 "Layer → New → Camera" 命令，弹出 Camera Settings 对话框，设置 Preset 的值为 50mm，如图 8-96 所示。

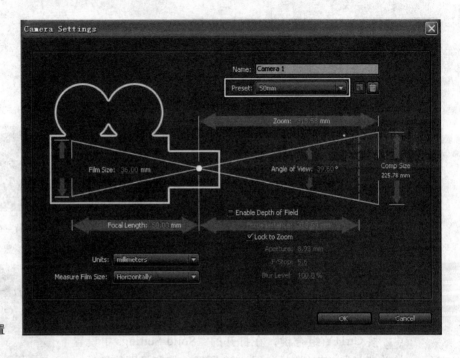

图 8-96 照相机参数设置

12 单击 "Camera 1" 图层左边的 ▶ 按钮，打开图层的 Transform 属性值，将时间标签放置在 0 秒的位置，单击 Point of Interest 和 Position 左边的码表 ⏱，创建关键帧，如图 8-97 所示。

13 将时间标签放置在 1 秒的位置，设置 Point of Interest 属性值为 (520，-120，410)，Position 的属性值为 (95，560，-340)，如图 8-98 所示。

14 将时间标签放置在 2 秒的位置，设置 Point of Interest 属性值为 (1195，575，-195)，Position 的属性值为 (-205，50，150)，如图 8-99 所示。

图 8-97 创建关键帧

图 8-98 时间标签设置 1

图 8-99 时间标签设置 2

15 将时间标签放置在 3 秒的位置，设置 Point of Interest 属性值为 (260，575，-440)，Position 的属性值为 (300，50，288)，如图 8-100 所示。

16 将时间标签放置在 4 秒的位置，设置 Point of Interest 属性值为（−195，272，400），Position 的属性值为（1000，180，−388），如图 8-101 所示。

17 在时间标签 4 秒的位置，选择"2.jpg"图层，展开 Transform 属性，单击 Y Rotation 左边的码表，创建关键帧；选择"3.jpg"图层，展开 Transform 属性，单击 Y Rotation 左边的码表，创建关键帧；选择"4.jpg"图层，展开 Transform 属性，单击 X Rotation 左边的码表，创建关键帧；选择"5.jpg"图层，展开 Transform 属性，单击 X Rotation 左边的码表，创建关键帧；选择"6.jpg"图层，展开 Transform 属性，单击 X Rotation 左边的码表，创建关键帧。

18 将时间标签放置在 4 分 24 秒的位置，设置 Point of Interest 属性值为（340，255，500），Position 的属性值为（340，244，−825），如图 8-102 所示。

图 8-100 时间标签设置 3

图 8-101 时间标签设置 4

图 8-102 时间标签设置 5

19 在时间标签 4 分 24 秒的位置，选择"2.jpg"图层，展开 Transform 属性，设置 Y Rotation 的值为 0，如图 8-103 所示；选择"3.jpg"图层，展开 Transform 属性，设置 Y Rotation 的值为 0，如图 8-104 所示；选择"4.jpg"图层，展开 Transform 属性，设置 X Rotation 的值为 0，如图 8-105 所示；选择"5.jpg"图层，展开 Transform 属性，设置 X Rotation 的值为 0，如图 8-106 所示；选择"6.jpg"图层，展开 Transform 属性，设置 X Rotation 的值为 0，如图 8-107 所示。

20 三维盒子制作完成。

图 8-103 参数设置 1

图 8-104 参数设置 2

图 8-105 参数设置 3

图 8-106 参数设置 4

图 8-107 参数设置 5

知识点拨

步骤 6 中，设置 "6.jpg" 图层的 Parent 属性必须在 "5.jpg" 设置 Position 设置之前，当设置了 Parent 属性之后，"5.jpg" 图层的所有位置改变会直接影响到 "6.jpg" 图层的位置。

Rotation 中盒子的旋转角度都是 90 度，最后展开时，只要将所有的 Rotation 改为 0 即可。

拓展训练

（1）利用本实例中所学知识，制作一个 360° 旋转的人物水晶球正方体。

（2）制作 ×× 化妆品广告，要求利用本实例的知识构建化妆品的包装盒，全方位 360° 视角展示化妆盒，展示完成后盒子打开，呈现化妆品瓶。

知识链接 三维空间及灯光、摄像机图层的建立

1. 三维空间的意义

三维空间也就是我们所说的立体空间，就是由 X，Y，Z 三个轴即横坐标、纵坐标、垂直坐标组成的空间。这个空间与我们平常用眼睛所看到的空间是一致的，在视频制作中我们需要利用物体的这种属性使其运动具有空间性。如图 8-108 所示，三维坐标中 X，Y，Z 三个轴分别成 90° 夹角，这就是通常说的三维坐标系。在三维空间中物体的运动位置不仅仅表现在左右、上下的平面运动，我们可以根据需要制作三维空间状态，可以将素材进行位移，旋转，设置三维透视角度。应用灯光、摄像机效果，设置阴影。虽然 After Effects 中三维图层中的素材是以平面方式出现，但利用 "3D Layer" 属性和三维特效可以制作出三维空间效果。

对素材操作中最基本的三维特效是 "Basic 3D"，建立一个虚拟的三维空间，在三维空间中对对象进行操，使画面在三维空间中水平或垂直移动，也可以拉远或靠近。参数设置如图 8-109 所示。

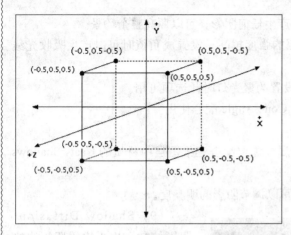

图 8-108　三维空间的意义

图 8-109　参数设置

（1）Animation Presets：预设动画效果。

（2）Swivel：控制水平方向旋转。

（3）Tilt：控制垂直方向旋转。

（4）Distance to Image 图像纵深距离。

（5）Preview 选择 Draw Preview Wireframe 用于在预览的时候只显示线框。这样可以节约资源，提高响应速度。这种方式仅在草稿质量时有效，最好质量的时候这个设置无效。

（6）Specular Highlight 用于添加一束光线反射旋转层表面。

2.建立灯光、摄像机

灯光的创建方法和图层的创建非常类似，创建方法如下。

方法一：选择 Layer → New → Light 命令。

方法二：按 Ctrl+Alt+Shift+L 组合键。弹出 Light Settings 对话框，如图 8-110 所示。

（1）Name：设定灯光层的名称。

（2）Light Type：灯光的类型，其可选值有 Parallel（平行光），Spot（聚光灯），Point（点光），Ambient（环境光）四个选项。

Parallel：平行光类似于太阳光，可以照亮场景中的所有物体，光照的强度没有衰减且具有方向性。

Spot：圆锥形的照射光线范围，可以根据需要调整光照的角度。

Point：点光源从一个点向四周发射光线，光线的强度随着距离的不同而不一样，能够产生阴影。

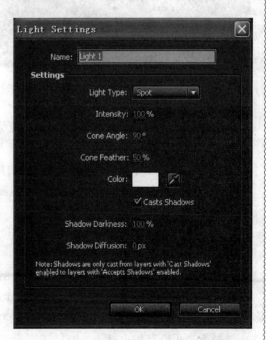

图 8-110　灯光创建参数设置

Ambient：没有发射性，无方向性，不会产生任何阴影，可以照亮整个场景。

（3）Intensity：光照强度，值越大，光照的强度越高，设置成负值时可以产生吸收光线的作用，可用于调整亮度。

（4）Cone Angle：圆锥角度设置，只有设置为聚光灯时此选项可用。

（5）Cone Feather：设置灯罩的羽化，与 Cone Angle 配合使用。

（6）Color：灯光的颜色。

（7）Casts Shadows：是否投射阴影，此属性需要配合三维图层中材质的 Casts Shadows 选项同时使用才能产生阴影投射。

（8）Shadow Darkness：阴影深度设置，可以调节阴影的明亮度。

（9）Shadow Diffusion：阴影扩散，用于设置阴影边缘的羽化程度。

摄像机图层的创建方法有两种，如下所示。

方法一：选择 Layer → New → Camera 命令

方法二：按 Ctrl+Alt+ Shift+C 组合键

弹出 Camera Settings 对话框，如图 8-111 所示。

（1）Name：摄像机图层的名称。

（2）Preset：摄像机预置，在这个下拉菜单里提供了 9 种

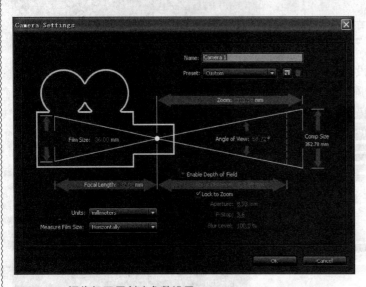

图 8-111　摄像机图层创建参数设置

常见的摄像机镜头，包括标准的 35mm 镜头、15mm 广角镜头、200mm 长焦镜头，以及自定义镜头等。35mm 标准镜头的视角类似于人眼。15mm 广角镜头有极大的视野范围，类似于鹰眼观察空间，由于视野范围极大看到的空间很广阔，但是会产生空间透视变形。20mm 长镜头可以将远处的对象拉近，视野范围也随之减少，只能观察到较小的空间，但是几乎没有变形的情况出现。

（3）Units：通过此下拉框选择参数单位，包括 pixel（像素）、inches（英寸）、millimeters（毫米）三个选项。

（4）Measure Film Size：可改变 Film Size（胶片尺寸）的基准方向，包括 Horizontally（水平）方向、Vertically（垂直）方向和 Diagonally（对角线）方向三个选项。

（5）Zoom：设置摄像机到图像之间的距离，Zoom 的值越大，通过摄像机显示的图层大小就越大，视野范围也越小。

（6）Angle of View：视角位置。角度越大，视野越宽，角度越小，视角越窄。

（7）Film Size：胶片尺寸。指的是通过镜头看到的图像实际的大小，值越大，视野越大，值越小，视野越小。

（8）Focal Length：焦距设置，指胶片与镜头距离，焦距短产生广角效果，焦距长，产生长焦效果。

（9）Enable Depth of Field：是否启用景深功能，配合 Focus Distance（焦点距离）、Aperture（光圈）、F-Stop（快门速度）和 Blur Level（模糊程度）参数来使用。

（10）Focus Distance：焦点距离，确定从摄像机开始，到图像最清晰位置的距离。

（11）Aperture：光圈大小，在 AE 里，光圈与曝光没关系，仅影响景深，值越大，前后图像清晰范围就越小。

（12）F-Stop：快门速度，与光圈相互影响控制景深。

（13）Blur Level：控制景深模糊程度，值越大越模糊。

单元小结

本单元主要学习有关 3D Laye 操作、摄像机、灯光效果等，通过本单元的学习掌握了立体文字、三维飞行、镜头穿梭等三维效果制作方法，这些内容也是实现制作出优秀影视作品的难点和突破点。

单 元 练 习

制作三维炫彩世界，要求如下：

利用所给的素材制作出一个四方长廊，图片的排列顺序可以任意，利用灯光和摄像机制作出在长廊中行走的效果。具体效果见"炫彩世界.mov"。

读书笔记

9

单元九　表达式在视频中的应用

单元导读

　　After Effects 提供了基于 JavaScript 的优秀表达式工具和函数，使得许多平时难以实现的效果可以被制作出来。表达式是制作高级特效的难点和重点。与设置繁琐的关键帧相比，表达式可以制作出关键帧所达不到的效果。本单元介绍如何添加表达式，使用表达式快速地制作出所需要的视频效果。

技能目标

● 了解表达式。
● 表达式使用与应用。

任务一 编写简单表达式制作特效

在时间轴窗口中编写简单的表达式制作视频特效，当选择了素材特效属性后为其添加 After Effects 提供的表达式函数制作特殊动画效果。例如给 Scale 属性添加表达式，添加表达式如图 9-1 左图所示；属性被激活后可以在属性条中直接输入表达式覆盖原有表达式文字。添加完表达后属性条自动增加 ■ （表达式开关）图标按钮、■ （表达式图表）按钮、■ （表达式关联）按钮、■ （选择已有函数）按钮；当单击了 ■ （选择已有函数）按钮会弹出如图 9-1 右图所示的选择菜单。

图 9-1 表达式

训练 1 制作闪烁星星

——Opacity 不透明度属性值随机变化

■ 训练说明 利用表达式制作星星在晚上夜空一闪一闪效果，在项目中绘制好星星图层，给其 Opacity 属性添加表达式，设置它的不透明度值为 random 函数产生的随机数。最终把影片导出为 AVI 格式的影片。影片部分镜头如图 9-2 所示。

图 9-2 星星闪烁镜头

任务实现

01 启动 After Effects CS4。

02 新建一个项目文件。选择 File → New → New Project 命令，在新的项目文件中编辑、制作视频。

03 导入图片素材"夜晚.jpg"。选择 File → Import → File Import 命令，选中需要导入的素材，把需要用到的素材全部导入到项目文件中，如图 9-3 所示导入素材。

图 9-3　导入素材

04 在项目文件中查看素材文件。在图 9-3 右图中单击"打开"按钮之后，则把素材导入到 Project 项目文件中的 Project 项目面板上，Project 项目面板如图 9-4 所示。

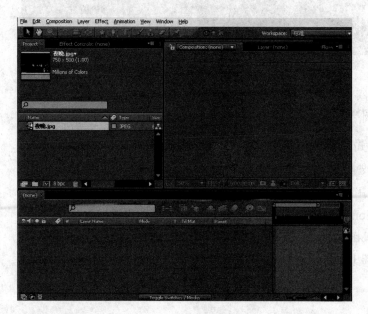

图 9-4　项目面板

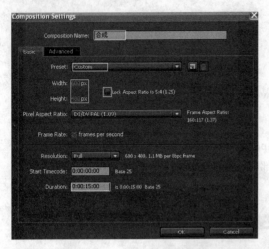

图 9-5 新建合成

05 新建一个合成。在 Project 项目面板下方单击图标 ▦ 新建一个合成，或者选择 Composition → New Composition 命令；设置 Composition Name（合成名称）为"合成"，合成视频画面 Width（宽）为 600px（像素）、Height（高）为 480px（像素），Duration 为 15 秒（合成视频画面时间长度）。实现新建一个合成，如图 9-5 所示。

06 在合成窗口绘制一个五角星星。选择 Layer → New → Solid 命令，设置固态层 Name（名称）为"星星"、设置颜色为白色；接着使用工具栏工具 ★ 拖动出一个星型出来，如图 9-6 所示。

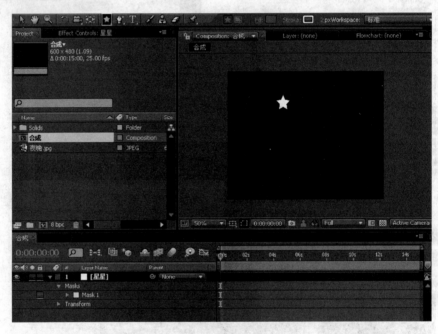

图 9-6 素材放到合成面板

07 把素材"夜晚.jpg"从项目面板中拖到合成面板中作为视频背景使用，如图 9-7 所示。

08 单击合成面板最左下方的图标按钮 ▣（Expand or collapse Layer Switches pane）展开合成的图层面板，如图 9-8 所示。

09 选中"星星"的 Opacity（不透明度）属性，选择 Animation → Add Expression 命令，在属性条上单击 ▶（选择已有函数）按钮会弹出菜单选择随机函数 Random Numbers → random() 命令，完成后在属性条上即自动添加了随机函数 random()，如图 9-9 所示。

图 9-7 背景层

图 9-8 展开合成的图层面板

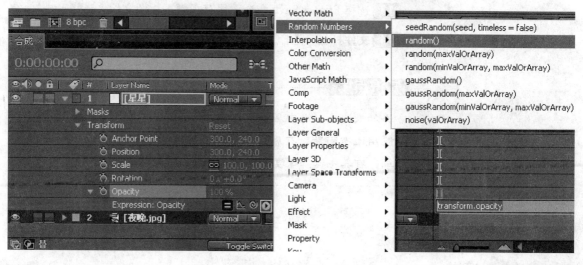

图 9-9 随机函数

10 接着在属性条上修改代码。把代码修改为"temp=random()
*50；[temp]"，那么"星星"的 Opacity 不透明度属性值就由 random()
*50 来确定，如图 9-10 所示。

小贴士

表达式 temp=
random()*50；
[temp]，其中随机
函数 random() 会产
生 0～1 之间 的 数，
temp 是一个临时变
量，[temp]表示讲这
个变量值赋给属性
Opacity。

图 9-10　修改表达式

11 按小键盘上数字键"0"预览关键帧动画效果。

12 渲染导出合成影片。

13 选择 File → Save 命令，保存视频工程源文件。

14 文件打包，选择 File → Collect Files 命令。

知识点拨

添加表达式，选中属性后选择 Animation → Add Expression 命令。

使用已有函数，在属性条上单击 ▶（选择已有函数）按钮会弹
出菜单，在其中选择需要的函数。

拓展训练

参照样片效果，利用提供素材制闪烁的背景效果。

训练 2　制作随机跳动的足球
——Position 位置属性值随机变动

训练说明　利用表达式制作足球在屏幕上随机跳动的效果，在项目中给足球位置 Position 属性添加表达式，设置它的位置坐标 X，Y 的值为 random 函数产生。最终把影片导出为 AVI 视频格式的影片。影片的部分镜头如图 9-11 所示。

图 9-11　随机跳动的足球

任务实现

01 启动 After Effects CS4。

02 新建一个项目文件。选择 File → New → New Project 命令，在新的项目文件中编辑、制作视频。

03 导入图片素材"足球.PSD"。选择 File → Import → File Import 命令，选中需要导入的素材，把需要用到的素材全部导入到项目文件中，如图 9-12 所示。

04 在项目文件中查看素材文件。在图 9-12 右图中单击"打开"按钮之后，则把素材导入到 Project 项目文件中的 Project 项目面板上，如图 9-13 所示。

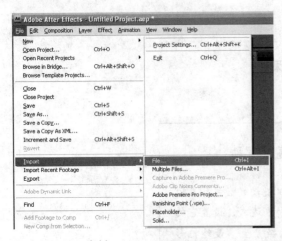

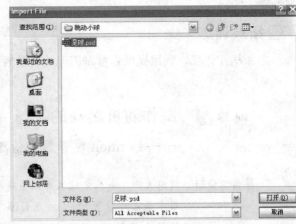

图 9-12　导入素材

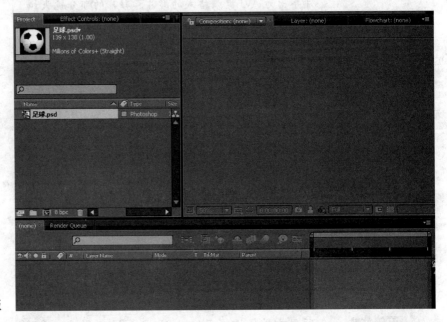

图 9-13　项目面板

05 新建一个合成。在 Project 项目面板下方单击图标![icon]新建一个合成，或者选择 Composition → New Composition 命令；设置 Composition Name（合成名称）为"合成"，合成视频画面 Width（宽）为 500px（像素）、Height（高）为 360px（像素），Duration 为 15 秒（合成视频画面时间长度）。实现新建一个合成，如图 9-14 所示。

06 在合成窗口新建一个背景图层。选择 Layer → New → Solid 命令，设置固态层 Name（名称）为"背景"，设置颜色为浅蓝色，如图 9-15 所示。

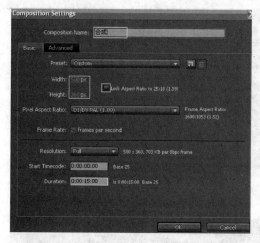

图 9-14　新建合成

图 9-15　新建背景层

07 把素材"足球.PSD"从项目面板中拖到合成窗口中，调整图层顺序，并使用工具栏工具 对足球大小进行调整，如图 9-16 所示。

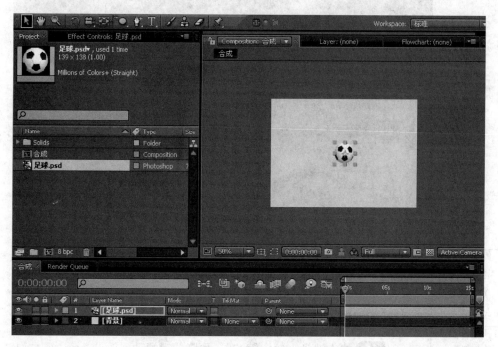

图 9-16　素材放到合成面板

08 单击合成面板最左下方的图标按钮 （Expand or collapse Layer Switches pane）展开合成的图层面板，如图 9-17 所示。

09 选中"足球.PSD"的位置 Position 属性，选择 Animation → Add Expression 命令，在属性条上单击 （选择已有函数）按钮会弹出菜单选择随机函数 Random Numbers → random() 命令，完成后在属性条上自动添加了随机函数 random()，如图 9-18 所示。

图 9-17　展开合成的图层面板

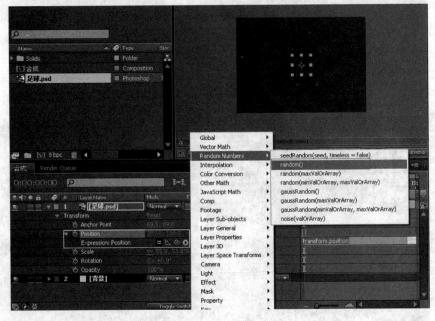

图 9-18　随机函数

10 接着在属性条上修改代码。把代码修改为："temp1=50+random()*400,temp2=50+random()*250；[temp1,temp2]"，那么"足球.PSD"的 Position 位置值 [X，Y] 坐标值就由 [temp1,temp2] 确定，这里有 2 个参数，如图 9-19 所示。

11 按小键盘上数字键"0"预览关键帧动画效果。

12 渲染导出合成影片。

13 选择 File → Save 命令，保存视频工程源文件。

14 文件打包，选择 File → Collect Files 命令。

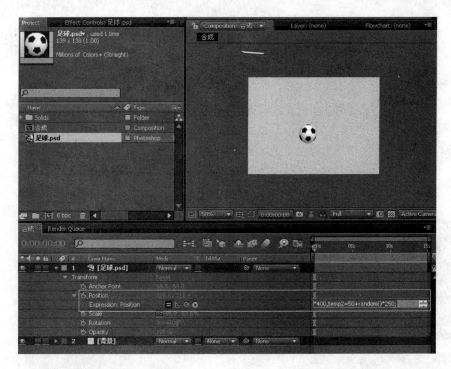

图 9-19　修改表达式

知识点拨

添加表达式，选中属性后单击菜单 Animation → Add Expression 命令。

给带两个参数的属性编写表达式时，赋值格式形如 [temp1, temp2]，两个参数值之间用 "," 符号隔开。

拓展训练

参照样片效果，利用提供素材制跳动老鼠效果。

任务二　特效属性值通过表达式实现关联

通过表达式实现特效属性值关联。在 After Effects 中给特效添加了表达式之后，在属性条上单击 ◎（表达式关联）按钮即可与另一个属性值进行关联。

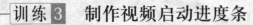

训练 3　制作视频启动进度条

——进度条与显示的数字关联

■ 训练说明　利用表达式制作星星在晚上夜空一闪一闪效果，在项目中绘制好星星图层，给其 Opacity 属性添加表达式，设置它的不透明度值为 random 函数产生，最终把影片导出为 AVI 视频格式的影片。影片的部分镜头如图 9-20 所示。

图 9-20　启动进度条部分镜头

□ **任务实现**

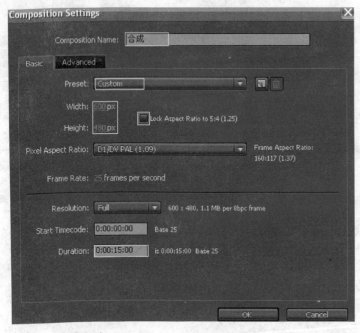

图 9-21　新建合成

01 启动 After Effects CS4。

02 新建一个项目文件。选择 File → New → New Project 命令，在新的项目文件中编辑、制作视频。

03 新建一个合成。在 Project 项目面板下方单击图标 ▦ 新建一个合成，或者选择 Composition → New Composition 命令；设置 Composition Name（合成名称）为"合成"，合成视频画面 Width（宽）为 600px（像素）、Height（高）为 480px（像素），Duration 为 15 秒（合成视频画面时间长度），如图 9-21 所示实现新建一个合成。

04 在合成窗口新建一个黑色背景层。选择 Layer → New → Solid 命令，设置固态层 Name（名称）为"背景"、设置颜色为黑色，如图 9-22 所示。

图 9-22　黑色背景层

05 创建一条绿色"进度条"。选择 Layer → New → Solid 命令，设置固态层 Name（名称）为"进度条"、设置颜色为绿色；接着使用工具栏中长方形工具 拖动出一个长方形进度条出来；在使用工具栏中工具 把"进度条"图层的轴心（中心）移动到进度条最左端，如图 9-23 所示。

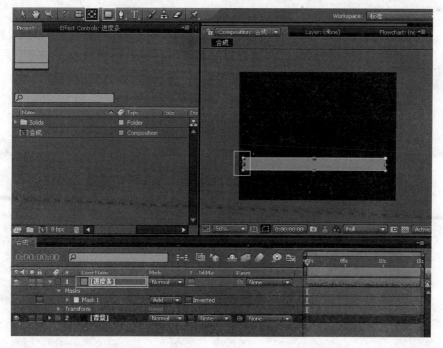

图 9-23　绘制进度条

06 输入文字 Loading……。选中"背景"图层，选择 Effect → Obsolete → Basic Text 命令，输入文字"Loading……"，设置该特效属性 FillColor（字体颜色）为白色；然后使用工具栏工具 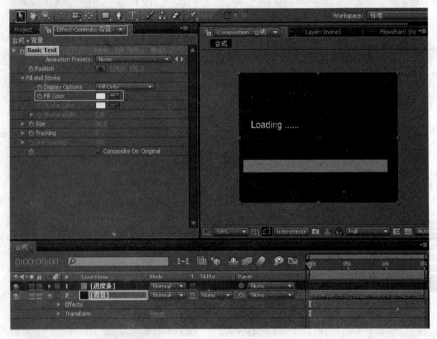 对合成窗口中的文字移动到适当位置，如图 9-24 所示。

图 9-24　输入文字 Loading……

07 选中"背景"图层添加 Numbers（数字）特效。选中"背景"图层，选择 Effects → Text → Numbers 命令，添加特效；设置该特效属性值 Fill Color（字体颜色）为白色，Decimal places（小数点位数）为 0，Composition On Original 为 On；并在合成面板上单击特效 Numbers 后再使用工具栏中工具 在合成窗口中选中数字，对数字的位置进行适当调整；如图 9-25 所示。

08 给特效 Numbers 开始与结束添加两个关键帧，并分别设置它们的值为 0 与 100，如图 9-26 所示。

09 通过表达式设置属性值关联。选中图层"进度条"，单击展开其特效 Transform → Scale 选项；接着选择 Animation → Add Expression 命令，在属性条上单击 （表达式关联）按钮，对着它按住鼠标不放拖动到图层"背景"Effects → Numbers → Value 上再双开鼠标，实现图层"进度条"的 Scale 放缩值与图层"背景"Numbers 的 Value 值建立关联；接着把代码修改为"temp = thisComp.layer（"背景"）.effect（"Numbers"）（"Value/Offset/Random Max"）;[temp,50]"，如图 9-27 所示。

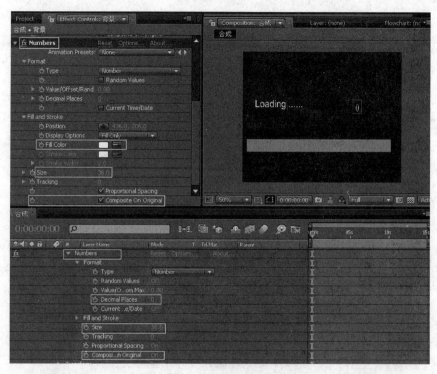

图 9-25　添加特效 Numbers

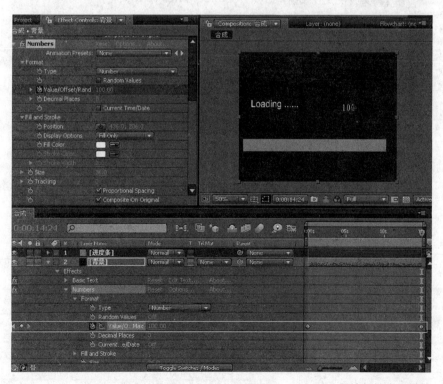

图 9-26　Numbers 开始与结束关键帧

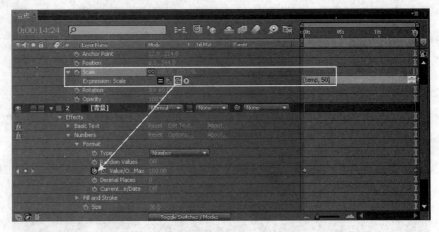

图 9-27 属性值关联

10 输入文字百分号"%",如图 9-28 所示。

11 按小键盘上数字键 0 预览关键帧动画效果。

12 渲染导出合成影片。

13 选择 File → Save 命令,保存视频工程源文件。

14 文件打包,选择 File → Collect Files 命令。

知识点拨

添加表达式,选中属性后选择 Animation → Add Expression 命令。

特效的属性值关联,属性条上单击 ◎(表达式关联)按钮。

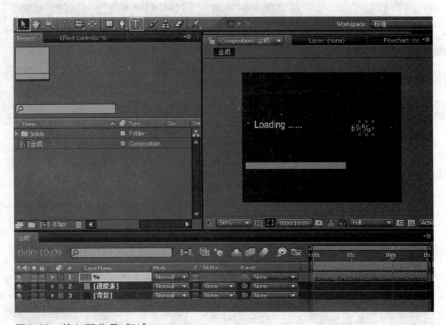

图 9-28 输入百分号"%"

拓展训练

（1）参照样片效果，制作一个从 100 ～ 1 倒计时效果。

（2）参照样片效果，制作一个从 10 ～ 1 倒数的进度条效果。

（3）参照样片效果，制作一个音乐音量图示。

单元小结

通过本单元的学习，掌握了在时间线窗口进行编写表达式的方法，当用户选定图层某一属性之后即可为其添加表达式；当需要添加一个层的属性表达式到时间线窗口，会先有一个默认的表达式出现在属性条的表达式编辑区域中，用户就可以根据需要在属性条的表达式编辑区域输入新的表达式或者修改表达式的式子或者值即可。

在编写表达式之时，应注意在一段或者一行程序后需要加上分号"；"，一条语句与另一条语句之间使用逗号"，"隔开；也需注意属性参数个数，属性的参数值之间使用逗号"，"隔开，如图 9-29 所示。

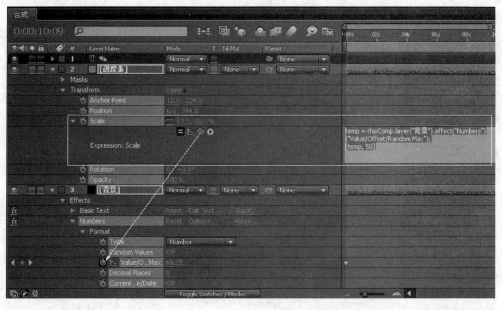

图 9-29　表达式编辑区域

单元练习

一、判断

1．After Effects 添加表达式首先需选择 Animation → Add Expression 命令。　　　　（　　）

2．不管特效属性值的参数个数，表达式最后给属性赋值的参数写法格式都一样。　　　（　　）

3．表达式编写完应用表达式时，在属性条出现 ⚠ ≠ 图标表示表达式出错了，应检查代码排错。　　　　　　　　　　　　　　　　　　　　　　　　　　　　　　　　　　　　　　（　　）

ts 编写表达式只能制作简单特效效果，复杂的实现不了。　　　　　　（　　）

添加表达式之后，在属性条上会有 ⊙ 图标，它是＿＿＿＿＿＿按钮；▶ 图标是＿＿＿＿＿＿按钮。

2．需给特效属性添加表达式的快捷键是＿＿＿＿＿＿。

3．若给某图层 Position 属性添加表达式，其中用户编写了部分代码请在空格处补充完整，代码为 M=random（　　）*600,N=random（　　）*480;[＿＿＿＿＿＿]；那么该图层的 Position（位置）坐标值 [X,Y] 就由 [＿＿＿＿＿＿] 决定。

三、实操

利用提供素材制作一个音乐音量示波器，具体参照样片所示，把影片导出保存为 K01.mov 格式。

参 考 文 献

曹金元，徐志，周庆儒. 2009. After Effects CS4 影视特效风暴. 北京：北京科海电子出版社.

骆舒，王红卫. 2010. After Effects CS4 影视栏目包装特效完美表现. 北京：清华大学出版社.

袁紊玉，苟亚妮，李晓鹏. 2010. iLike 就业 After Effects CS4 多功能教材. 北京：电子工业出版社.